Abhandlungen und Verhandlungen des Naturwissenschaftlichen Vereins in Hamburg
N. F. Bd. IV, Supplement, Hamburg 1961
Herausgegeben im Auftrage des Vorstandes von Dr. M. E. Thiel

Flora der Nordfriesischen Inseln

von

Willi Christiansen

Mit 13 Abbildungen

KOMMISSIONSVERLAG CRAM, DE GRUYTER & CO., HAMBURG
HAMBURG 1961

Gedruckt mit Unterstützung der Hamburgischen Wissenschaftlichen Stiftung,
des Verlags der Freunde des vaterländischen Erziehungswesens in Hamburg
und des Kreises Südtondern

Druck: A. Pockwitz Nachf. Karl Krause, Stade

Inhaltsverzeichnis

Vorwort

Über die Pflanzendecke der Nordfriesischen Inseln liegt eine große Zahl von z. T. schwer zugänglichen Schriften vor. Sie zusammenzufassen und durch eigene Beobachtungen zu ergänzen, ist der Zweck der folgenden Darstellung. Die Tabellenform, die zugleich einen Vergleich des Vorkommens der einzelnen Arten auf den verschiedenen Inseln gestattet, soll zukünftige Beobachtungen anregen und erleichtern.

Dabei sind Angaben über Standortabweichungen, Mißbildungen udgl., wie sie namentlich von PAUL JUNGE und D. N. CHRISTIANSEN gemacht worden sind, fortgelassen. Nicht berücksichtigt sind auch Angaben über das Vorkommen von Kulturpflanzen, selbst dann nicht, wenn sie etwa auf Schuttplätzen udgl. gefunden worden sind.

Aus der Menge der Fundangaben sind in der Regel nur die ältesten und jüngsten durch Anführung der Namen der Beobachter wiedergegeben, wobei die Namen derselben aus Platzgründen meist stark gekürzt angegeben worden sind. Ein Verzeichnis dieser Namen und ihrer Abkürzungen befindet sich auf Seite 119 ff. Wie üblich bedeutet ! = vom Verfasser gesehen, !! = von ihm am Fundort gesehen.

Um eine pflanzengeographische Auswertung zu ermöglichen, sind die auf den Nordfriesischen Inseln urwüchsigen Arten durch Angaben über ihre chromosomalen Verhältnisse gekennzeichnet (s. große Übersichtstabelle und Spezialtabelle Seite 23).

Natürlich kann die vorliegende Zusammenstellung keinen Abschluß der floristischen Erforschung der Nordfriesischen Inseln bilden, sondern soll im Gegenteil zu weiteren Beobachtungen anregen und eine Grundlage dafür geben. Von fast allen Gefäßpflanzen der Nordfriesischen Inseln befinden sich Belegstücke im Herbar des Verfassers und des Botanischen Institutes der Universität Kiel.

Durch die Vermittlung von Herrn Dr. E. KOLUMBE, Hamburg, hat der Naturwissenschaftliche Verein in Hamburg den Druck dieser Arbeit übernommen. Ihm, insbesondere aber dem Schriftleiter dieses Vereins, Herrn Dr. M. E. THIEL, der unermüdlich bei der Gestaltung der Arbeit behilflich war, sei bestens gedankt. Den Herren Professor Dr. W. MEWIUS, in Hamburg, und Professor Dr. F. OVERBECK, in Kiel, spreche ich für ihre Begutachtung der Arbeit meinen Dank aus. Herrn Dr. LEISTNER in Wyk a. Föhr danke ich besonders für die klimatologischen Angaben, die er uneigennützig zur Verfügung stellte. Ich danke der Forschungsgemeinschaft, die durch eine Beihilfe die Bereisung der Inseln erleichterte, und besonders der Hamburgischen Wissenschaftlichen Stiftung, dem Verlag der Freunde des vaterländischen Schul- und Erziehungswesens in Hamburg und der Kreisverwaltung Südtondern für die großzügige finanzielle Unterstützung, ohne die der Druck der Arbeit nicht möglich gewesen wäre. Nicht zuletzt gilt auch mein Dank den vielen Beobachtern, durch deren Mitarbeit die „Flora" erst die vorliegende Vollständigkeit erlangt hat.

WILLI CHRISTIANSEN

Kiel, den 15. Februar 1961.

Anschrift des Verfassers:
Dr. h. c. Willi Christiansen, Kiel, Eckernförder Allee 18

A. Allgemeiner Teil

I. Zur Geschichte der Erforschung der Pflanzenwelt der Nordfriesischen Inseln

Kein Gebiet Schleswig-Holsteins ist so oft in der Absicht, pflanzenkundliche Studien zu treiben, aufgesucht worden, wie die Nordfriesischen Inseln. Dabei war es z. T. die ausgeprägte Küstenflora, z. T. die pflanzengeographische Eigenart, die man schon früh erkannt hatte und die den Anreiz zu ihrem Besuch boten.

Schon CAMERER (1762) nennt in seinen „Vermischten historisch-politischen Nachrichten in Briefen von einigen merkwürdigen Gegenden der Herzogthümer Schleßwig und Holstein" *Ammophila arenaria, Lathyrus maritimus* und *Plantago maritima* als Besonderheiten, und dasselbe Werk enthält eine Beschreibung der „wunderbaren Insel Nordmarsch" von LORENZ LORENZEN, der „Gewächse, Kräuter und Bäume" erwähnt.

Frühzeitig werden Spuren ehemaliger Wälder von Sylt angegeben (NIEMANN 1799). Recht laienhaft führt WARNSTEDT (1824) seltene Pflanzen an, z. B. *Lepidium ruderale, Triticum, Pisum* (= *Lathyrus*) *maritimum.* Ausführlicher schon ist PETERS (1825), indem er 60 Blütenpflanzen in vier Gruppen aufzählt: 1. in Dörfern, 2. auf der Geest in Getreide und an Wegen, 3. in der Marsch, 4. am Ufer und am Strande. KOHL (1846) macht treffende Angaben über die Besiedlung des Vorlandes mit Queller und Drückdal (*Puccinellia*) und der Dünen mit Sandhalm. Eine gute Kennzeichnung mit langer Florenliste gibt SPIEKER (1859). Besonders hervorgehoben zu werden verdient die Zusammenstellung von SCHIÖTZ (1860), so daß von FISCHER-BENZON (1876) für das Gebiet wenig Neues bringen konnte. Sehr beachtenswert ist der Vergleich der Nordfriesischen Inseln mit den Ostfriesischen von BUCHENAU (1887). Eine eingehende Schilderung der Vegetationstypen bringt RAUNKIAER (1889), der auch ausführlich der Waldfrage auf den Inseln nachgeht. PAUL KNUTH (1895) hat als erster eine zusammenfassende Arbeit über die „Flora der Nordfriesischen Inseln" geschrieben. Seit der Zeit sind so zahlreiche Abhandlungen über örtliche und sachliche Teilgebiete erschienen, daß es unmöglich ist, sie hier einzeln anzuführen. Es muß dafür auf CHRISTIANSEN, WERNER und WILLI, (1936) hingewiesen werden.

II. Die Entwicklung der Pflanzendecke der Nordfriesischen Inseln

Die pflanzengeographische Eigenart der Nordfriesischen Inseln ist in der Entwicklungsgeschichte der Pflanzendecke begründet. Wenn auch die Erforschung dieser Geschichte noch keineswegs abgeschlossen ist und insbesondere die Pollenanalyse noch nicht das letzte Wort gesprochen hat, so darf man doch mit Sicherheit annehmen, daß der Geestboden der Inseln Sylt, Amrum und Föhr einst Wald getragen hat. Schon das Bodenprofil beweist es. Damals war die Nordsee noch weit draußen. Durch ihren Einbruch (bis rd. 2000 vor Chr.) wurde dann das Klima so stark atlantisch gestimmt, daß der Wald kümmern mußte. Sein Abbau wird allerdings Jahrtausende erfordert haben, und wir dürfen annehmen, daß einzelne Arten der Krautschicht des ehemaligen Eichenwaldes noch heute vorhanden sind. So ist z. B. der Siebenstern (*Trientalis europaea)* in der Heide zwischen Norddorf und der Vogelkoje auf Amrum als Relikt aus der damaligen Zeit anzusehen.

Die Frage nach der Urwüchsigkeit des Waldes auf den Nordfriesischen Inseln hat schon frühzeitig die Pflanzenkundler beschäftigt (KNUTH 1889, KRAUSE 1892 u. a.). Die im Watt z. B. südlich von Föhr bloßliegenden Baumstämme regten selbst Laien an, nach dem Ursprung dieser Bäume zu fragen. Der Tuul aber, jene torfartige Masse, die an den Küsten der Inseln antreibt und die schon SAXO GRAMMATICUS (1151) wegen ihrer Verwertung zur Salzgewinnung erwähnt, ist eine interglaziale Bildung. Sie enthält Kiefern- und Fichtenzapfen.

Manche Waldarten allerdings, die SECKT (1902) angibt, sind keine Relikte. Sie sind Neusiedler in den Aufforstungen der neuen Zeit, z. B. Wintergrün (*Pirola minor*), Waldrispengras (*Poa nemoralis*), Riesenschwingel (*Festuca gigantea*), Schattenblume (*Majanthemum bifolium*), Nabelmiere (*Moehringia trinervia*), Wald-Vergißmeinnicht (*Myosotis silvatica*), Waldmeister (*Asperula odorata*), Schneeball (*Viburnum opulus*).

Dabei läßt sich jedoch vielfach nicht entscheiden, ob die Arten dieser Gruppe mit Pflanzgut eingeschleppt oder durch Vögel „angesalbt" worden sind. Im letzteren Fall wäre der Mensch mittelbar für das Auftreten der Arten verantwortlich. Himbeere (*Rubus idaeus*), Brombeere (*Rubus fruticosus*), Erdbeere *(Fragaria vesca)*, Rote Johannisbeere *(Ribes silvestre)* sind sicherlich durch Vögel eingeschleppt worden.

Als der Wald verschwand, nahm die Heide seinen Platz ein. Wir dürfen also von Urheiden sprechen; ihr Vorkommen ist nicht wie an vielen anderen Stellen in Nordwestdeutschland menschlich bedingt (Salinen!). Die Hügelgräber der Jungsteinzeit und der Bronzezeit liegen auf ihr. „Die Heiden von

Kampen und Morsum haben sich seit mindestens 5000 v. Chr. in ihrem Aussehen nicht verändert" (KOLUMBE 1957).

Die Veränderungen der Pflanzendecke durch den Menschen gehen allerdings schon Jahrhunderte zurück. So sind z. B. die Getreideunkräuter mit dem Getreide auf die Inseln gekommen: Kornrade (*Agrostemma githago*), Kornblume (*Centaurea cyanus*), Sinau (*Alchemilla microcarpa*), Windhalm (*Agrostis spica-venti*) u. a. Wie weit auch die Hackfruchtunkräuter menschlich bedingt sind, läßt sich schwer entscheiden, da manche Melden- (*Atriplex*-), Gänsefuß- (*Chenopodium*-) und Knöterich- (*Polygonum*-) arten am Strande zu Hause sind. Der Reiherschnabel des Ackers (*Erodium cicutarium* ssp. *eu-cicutarium*) und das Stiefmütterchen des Ackers (*Viola tricolor* ssp. *arvensis*) sind Kulturbegleiter; die entsprechenden Arten des Strandes oder der Dünen gehören anderen Rassen an (*Erodium cicutarium* ssp. *immaculatum* bzw. *Viola tricolor* ssp. *eu-tricolor*) und sind urwüchsig. Durch die Pflege des Grünlandes sind z. B. der Hohe Hafer (*Arrhenatherum elatius*) und die Traubige Trespe (*Bromus racemosus*) eingebürgert, wohl auch der Goldhafer (*Trisetum flavescens*), obwohl er auf Pellworm wegen seiner Häufigkeit scheinbar urwüchsig ist.

Der Verkehr hat schon seit langem neue Arten auf die Inseln gebracht. Die Stinkkresse (*Lepidium ruderale*) beschränkt sich auf die Hafenplätze (z. B. Munkmarsch auf Sylt, Siel auf Pellworm). Am Eisenbahndamm nach Sylt sind Mauerrampe (*Diplotaxis muralis*), Weißer Steinklee (*Melilotus albus*), Berufkraut (*Erigeron acer*), Ochsenzunge (*Anchusa officinalis*), Wilde Kresse (*Rorippa silvestris*), Finkensame (*Neslea paniculata*) und wohl noch andere Arten eingewandert.

Aus ehemaliger Kultur haben sich u. a. der Schwarze Senf (*Brassica nigra*) an den Fehtingen der Halligen (CHRISTIANSEN 1936), Reseda (*Reseda odorata*) bei Wittdün und Absinth (*Artemisia absinthium*) bei Norddorf auf Amrum frei gemacht. Daß mit den Aufforstungen der jüngsten Zeit wie auch viel früher mit den Baumpflanzungen an den Vogelkojen manche Arten einen zusagenden Standort erhalten haben, wurde schon angedeutet (Kleines Wintergrün, *Pirola minor;* Adlerfarn, *Pteridium;* Wald-Greiskraut, *Senecio silvaticus).*

Einbürgerungsversuche, in der Absicht der Dünenbefestigung zu dienen, haben mit der Kartoffelrose (*Rosa rugosa*), dem Stachelginster (*Ulex europaeus*) und dem Stranddorn (*Hippophae rhamnoides)* zwar nur geringen Erfolg gehabt, aber die Arten hierher gebracht. Planmäßige Dünenbefestigung hat erst nach 1790 begonnen (C. P. HANSEN 1865), aber schwer setzte sich bei den Inselnbewohnern die Ansicht durch, daß die „Pflanzen die Erhalter der Landschaft" (KOLUMBE 1957) sind: immer wieder mußte man durch Verordnungen die Halmpflanzungen gegen das Abmähen schützen. Und doch ist bis in unsere Tage das Pflanzen des Strandhafers (*Ammophila arenaria*) das wichtigste Mittel zur Dünenbefestigung.

Die heute so schön unter Bäumen versteckten Dörfer, namentlich auf Föhr, waren vor 200 Jahren noch ganz nackt. KOEHN (1954) berichtet, daß Pastor BARTOLOMÄUS in Nebel (1715—28) die ersten Bäume pflanzte. In Keitum auf Sylt wurden seit etwa 1850 Bäume gepflanzt. Die erste Vogelkoje wurde 1730 angelegt, der erste „Wald" 1821 (der Lornsenhain auf Sylt, s. WILHELM JESSEN 1932).

Viele vom Menschen auf die Inseln gebrachte Arten haben so das Bild der Pflanzendecke völlig verändert, nicht nur durch die landwirtschaftlich genutzten Kulturpflanzen, sondern auch durch die Holzgewächse. Von einzelnen Stücken in Gärten und Anlagen abgesehen, wurden vielfach gepflanzt:

Zahlreiche Nadelhölzer (*Picea alba* MILL., *P. canadensis* KOEHNE, *P. excelsa* LK., *P. pungens* ENG., *P. sitchensis* CARR. — *Pinus banksiana* LAMB., *P. montana* MILL., *P. nigra* ARN., *P. silvestris* L. — ferner die Lorbeerweide (*Salix pentandra* L.) — die Bruchweide (*S. fragilis* L.) — die Bandweide (*S. viminalis* L.) — die Eiche (besonders *Quercus robur* L.) — die Rotbuche (*Fagus silvatica* L.) — die Ulme (besonders *Ulmus montana* STOKES) — die Esche (*Fraxinus excelsior* L.) — die Traubenkirsche (*Prunus padus* L.) — der Spitzahorn (*Acer platanoides* L.) — der Sanddorn (*Hippophae rhamnoides* L.).

III. Die Eigenart und Zusammensetzung der Pflanzendecke der Nordfriesischen Inseln und ihre ökologischen Grundlagen

Die Eigenart der Flora der Nordfriesischen Inseln, auf die im vorigen Abschnitt bereits hingewiesen worden ist, wird hauptsächlich durch zwei Faktoren bestimmt, die unter sich eng zusammenhängen: 1. ihre Lage am Meer und im Gebiet des Atlantischen Klimakeils und 2. den Boden. Daß das Klima in hohem Maße das Vorkommen der Pflanzen bestimmt, ist allgemein bekannt. Aber es ist sehr schwer, den Einfluß auf die Pflanzen im einzelnen festzustellen, wie überhaupt das Klima eines Gebietes zu kennzeichnen. Indessen gibt es einige Faktoren, z. B. die Niederschlagsmenge, die Sonnenscheindauer und die Bestrahlungsintensität, die Windrichtung und Windstärke, die Temperatur der Luft und des Wassers, die das Klima bestimmen und deren Wirkung auf die Pflanzen eher erkennbar ist. Allerdings sind alle diese Faktoren sehr großen jahreszeitlichen, täglichen und sogar oft stündlichen Schwankungen unterworfen. Einen Einblick in ihre Wirkung kann man daher nur bekommen, wenn man auf Grund langjähriger Beobachtungen Mittelwerte für ihr Verhalten im Laufe des Jahres gewinnen kann.

Für die Nordfriesischen Inseln liegt nun erfreulicherweise eine große Zahl von Beobachtungen über die genannten Faktoren vor, die z. T. in den 50 Jahren von 1888—1937 von G. WEIGELT in Wyk auf Föhr durchgeführt wurden. Sie sind von dem Leiter der Medizin-Meteorologischen Beratungsstelle, ebenda, Herrn Dr. LEISTNER, verarbeitet, weitergeführt und ergänzt worden. Die Ergebnisse dieser Untersuchungen, die Herr Dr. LEISTNER mir freundlicher- und dankenswerterweise zur Verfügung gestellt hat, können für die anderen Nordfriesischen Inseln als repräsentativ gelten und sollen daher hier kurz wiedergegeben werden.

In der graphischen Darstellung Abb. 1 sind die Niederschlagsmengen, die Bewölkung und die Windgeschwindigkeit nach den Beobachtungen von WEIGELT wiedergegeben. Die Niederschlagsmenge liegt im Tagesmittel bei Beginn des Jahres von Januar bis Mai zwischen 1,0 und 2,0 mm, steigt dann Ende Juni bis Mitte Oktober auf etwa 2—3 mm an, um von Ende Juli bis Mitte Ok-

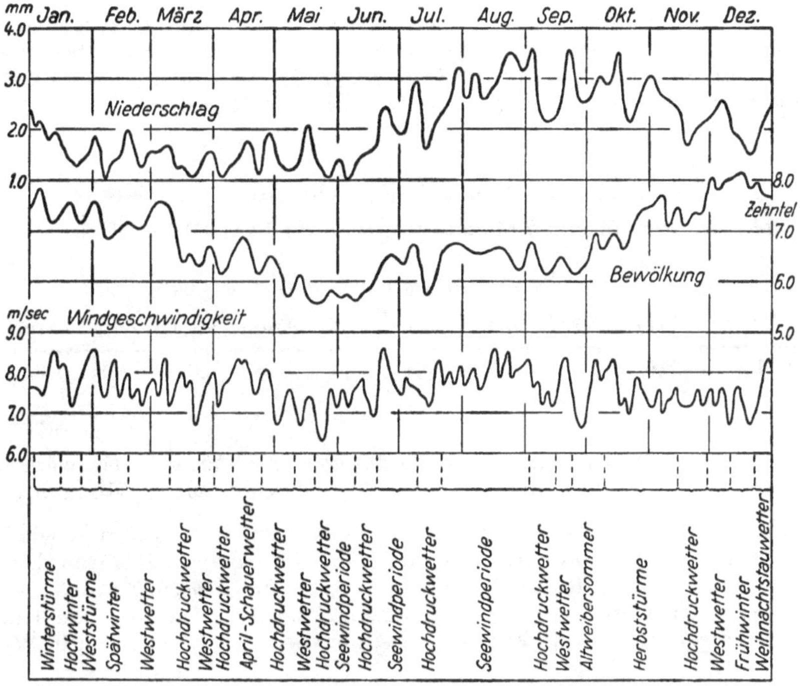

Abb. 1: Der jährliche Gang des Niederschlags, der Bewölkung und der Windgeschwindigkeit in Wyk a. Föhr nach 50jährigen Beobachtungen von WEIGELT, berechnet und dargestellt von W. LEISTNER.

tober Werte über 3 mm zu erreichen. Dann fällt sie schnell von Ende Oktober bis Anfang Januar wieder auf 2 mm ab.

Die Bewölkung zeigt ein ganz anderes Bild, indem hier vom Beginn des Jahres eine Abnahme der Bewölkung bis zum Beginn des Sommers zu verzeichnen ist, dann steigt die Bewölkung Ende Juni und in den Sommermonaten etwas an, bleibt aber immer unter $^7/_{10}$, um erst im November über diesen Wert und im Dezember teilweise sogar über $^8/_{10}$ anzusteigen.

Der Bewölkung entspricht umgekehrt die Sonnenscheindauer, die in der Darstellung (Abb. 2) nach den Beobachtungen von LEISTNER wiedergegeben sind. Die obere Kurve zeigt den jährlichen Verlauf der astronomisch möglichen Sonnenscheindauer, die für Wyk aus den täglichen Werten des Sonnenauf- und -unterganges berechnet wurde. Die darunterliegende Kurve gibt die wirklich gemessene Sonnenscheindauer wieder, und dann folgt die „relative“ Sonnenscheindauer, die die gemessene Sonnenscheindauer in Prozenten der astronomisch möglichen Sonnenscheindauer angibt. Besonders die letzte Kurve läßt die mehr oder weniger strahlungsbegünstigten Wetterlagen hervortreten, die für den Pflanzenwuchs von großer Bedeutung sind.

Ebenso bedeutungsvoll ist die absolute Wärmestrahlung, zumal durch sie der Verlauf anderer meteorologischer Faktoren, wie der Temperatur, des Windes und der Verdunstung, beeinflußt wird. In der Tabelle 1 sind die mittleren Tagessummen der Bestrahlungsstärke für Wyk auf Föhr angegeben.

Tab. 1. Mittlere Tagessummen der Bestrahlungsstärke
für die einzelnen Monate für Wyk auf Föhr (1950—1959).

(Angabe in Kalorien pro qcm und Tag)

Jan.	Febr.	März	April	Mai	Juni	Juli	Aug.	Sept.	Okt.	Nov.	Dez.
53	113	216	361	461	481	444	375	282	148	63	35

Im Mai und Juni ist also die Bestrahlungsstärke am größten, während sie in den beiden Sommermonaten Juli und August schon wieder abnimmt.

Mit der Sonnenstrahlung im engsten Zusammenhang steht nun wieder die Temperatur, die aber andererseits auch von den Wärmeverhältnissen des Meerwassers bestimmt ist, das ja die Inseln umgibt und dessen Einfluß durch die vorherrschenden westlichen Winde besonders stark ist. Die folgende Tabelle 2 zeigt die prozentuale Häufigkeit der verschiedenen Windrichtungen in Wyk auf

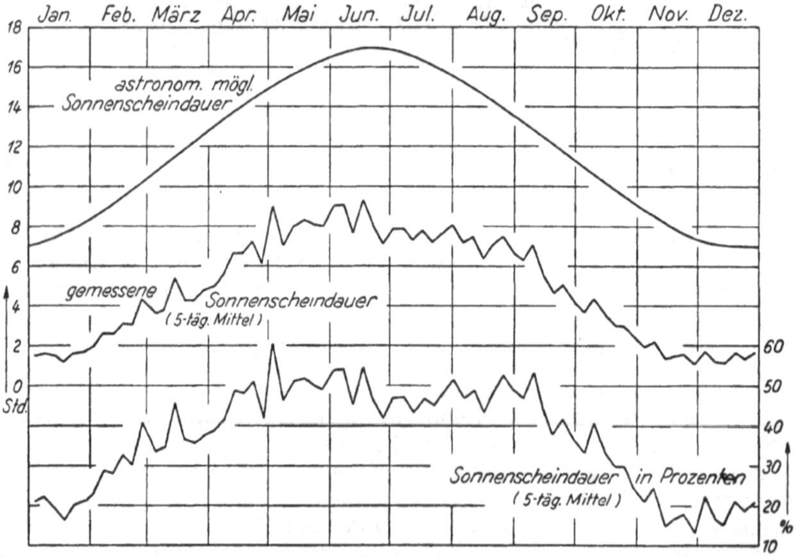

Abb. 2: Jahresgang der Sonnenscheindauer und deren Prozente von der astronomisch möglichen Sonnenscheindauer für Wyk a. Föhr nach 20jähriger Beobachtungsreihe, berechnet und dargestellt von W. LEISTNER.

Föhr. Es ist daraus zu ersehen, daß in Wyk auf Föhr und damit wohl auch auf den übrigen Nordfriesischen Inseln 51,5 % auf westliche und nur 32 % auf die östlichen Winde entfallen, während der Rest von den indifferenten Nord- und Südwinden und Windstillen eingenommen wird.

Tab. 2. Die prozentuale Häufigkeit der verschiedenen Windrichtungen in Wyk auf Föhr (im 40jähr. Durchschnitt)

N	NO	O	SO	S	SW	W	NW	Windstille
6,1	11,4	9,3	10,1	9,4	21,2	15	15,3	2,2

Dieses Vorherrschen westlicher Winde setzt nun die Temperatur auf den Inseln herab, weil die maritimen Luftmassen von der Temperatur des Oberflächenwassers der Nordsee stark beeinflußt werden. Im Sommer sind die Meeresluftmassen kühl, da die Temperatur der Nordsee und des östlichen Atlantik zwischen 14 und 16 Grad liegen. In den Wintermonaten schwanken die Temperaturen des Oberflächenwassers zwischen 4 und 8 Grad, so daß auf den Inseln bei herrschenden Westwinden meistens Temperaturen über 0 Grad vorhanden sind.

Diese Eigenart der Temperaturverhältnisse auf den Nordfriesischen Inseln gegenüber dem Festlande wird besonders deutlich, wenn wir sie z. B. mit der Temperatur Berlins vergleichen (s. Kurven in Abb. 3). Man sieht, daß Wyk auf Föhr von Februar bis Juli niedere, von August bis Februar höhere Temperaturen hat als das Innere des Festlandes. Dies ist ein Merkmal des stärker atlantisch gestimmten Klimas und läßt die ausgleichende und verzögernde Wirkung des Meeres erkennen.

Außer der Temperatur der Luftmassen wirkt auch die Windgeschwindigkeit abkühlend auf das Wetter der Nordfriesischen Inseln ein. In Abb. 1 ist die Windgeschwindigkeit im Laufe des Jahres für Wyk auf Föhr im langjährigen Durchschnitt aufgezeichnet. Sie liegt fast das ganze Jahr hindurch zwischen 6,5 und 8,5 m/sec, während sie auf der schleswig-holsteinischen Geest bis zu 4,0 m/sec herabgeht.

Faßt man alle diese Beobachtungen zusammen, so ergibt sich, daß das Klima der Nordfriesischen Inseln durch eine Reihe von Besonderheiten gegenüber dem Festlande und anderen Gebieten ausgezeichnet ist, die sehr wohl einen bestimmenden Einfluß auf ihre Pflanzenwelt ausüben können. Als solche ergeben sich: im Sommer eine geringere, im Winter eine höhere Temperatur als auf dem Festlande, starke westliche Winde, die zwar eine große Luftfeuchtigkeit und eine große Niederschlagsmenge mitbringen, andererseits aber auch austrocknend wirken. Die große Niederschlagsmenge wirkt zudem auslaugend auf den Boden. Dadurch wurde der Salzgehalt im Laufe der Zeit stark herabgesetzt, und in dem Geestboden hat sich Ortstein, in der Marsch Knickboden gebildet. Die hohe Luftfeuchtigkeit, der Wind und die Bodenarmut, sowie die Jugend der Pflanzendecke (die Marsch ist eine alluviale Bildung) haben so zu

1. einer Artenarmut und
2. zu einem hohen Anteil polyploider Arten geführt.

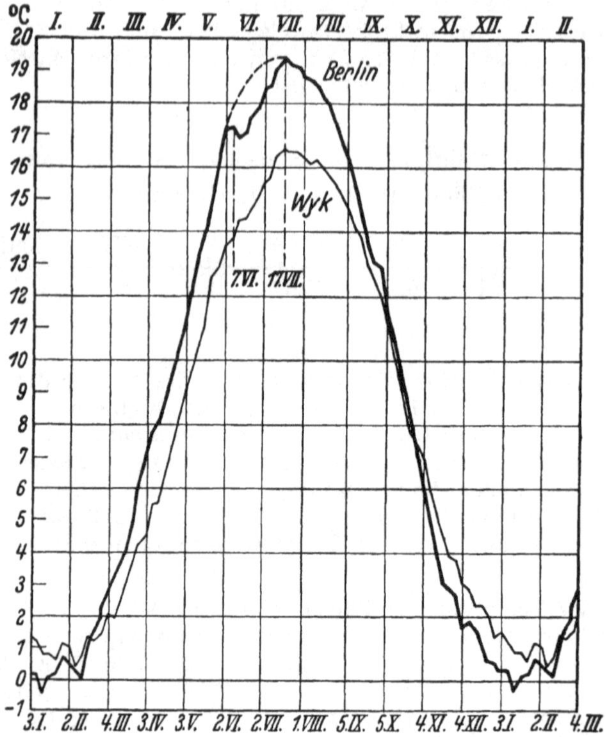

Abb. 3: Der jährliche Gang der Temperatur in Wyk auf Föhr und in Berlin, berechnet und dargestellt von W. LEISTNER.

Die Artenarmut ist recht auffallend. Auf den Nordfriesischen Inseln sind außer verschleppten 504 urwüchsige und 159 eingebürgerte Arten festgestellt worden. Auf den reinen Marschinseln (Pellworm und Nordstrand) und gar auf den Halligen ist die Artenanzahl erheblich geringer als auf den Geestinseln Föhr, Sylt und Amrum (s. Tabelle 3). Die Feststellung, ob eine Art auf den Inseln urwüchsig ist oder nur eingebürgert vorkommt, ist allerdings schwierig und oft willkürlich. Manche Art, die in anderen Teilen Schleswig-Holsteins urwüchsig ist, dürfte auf den Inseln nur verschleppt oder eingebürgert sein, selbst wenn sie den Eindruck einer urwüchsigen Art macht (z. B. Goldhafer, *Trisetum flavescens*, auf Pellworm). Es ist auch schwer zu entscheiden, ob man eine Art, die der Kultur folgt, als urwüchsig bezeichnen muß oder nicht (z. B. Feld-Beifuß, *Artemisia campestris*).

Es fehlt insbesondere die Mehrzahl der Waldarten. Höhere Holzgewächse sind wegen des Windes nicht urwüchsig. Erst nach der Veränderung der Landschaft durch den Menschen (Häuser, Vogelkojen, Forsten) dürften auch Holzgewächse ohne unmittelbares Zutun des Menschen auf die Inseln gekommen sein, z. B. Vogelbeere, Holunder, Himbeere und Brombeere. Vielleicht sind die typischen Hundsrosen *(Rosa glauca ssp. eu-glauca und Rosa coriifolia ssp. eu-coriifolia)* als urwüchsig anzusehen. Wenn wir Waldarten (z. B. Waldrispengras, *Poa nemoralis,* Große Sternmiere, *Stellaria holostea*, Windröschen, *Anemone nemorosa,* Wintergrün, *Pirola minor,* Siebenstern, *Trientalis europaea* u. a.) antreffen, so dürfen wir annehmen, daß sie mit Sträuchern oder Saaten eingeschleppt worden sind.

Daß in dem Marschbereich kein Wald vorhanden ist, dürfte mindestens z. T. auf Kulturmaßnahmen zurückzuführen sein: Halm- und Hackfruchtbau und Beweidung lassen auf den Feldern seit vielen Jahrhunderten kein Holzgewächs hochkommen, während an den Rainen Weiden und Rosen üppig gedeihen. Für größere Holzgewächse reicht dieser Raum aber nicht. Viele Häuser sind bekanntlich von stattlichen Bäumen umstanden, die allerdings oft eine deutliche Windschur zeigen. Selbst auf den Halligen gedeihen Obstbäume, deren Spitzen aber nur die Höhe der Dachfirsten erreichen.

Obgleich namentlich auf den Marschinseln und Halligen das Grünland einen breiten Raum einnimmt, fehlen viele Grünlandarten. Daß die Kohldistel (*Cirsium oleraceum*) und die Waldsimse (*Scirpus silvaticus*) fehlen, ist nicht verwunderlich: sie sind ausgeprägte Kalkzeiger, die auf dem kalkarmen Boden der Inseln nicht gedeihen können. Wahrscheinlich fehlen z. B. Schwarzwurz (*Symphytun officinale*) und Rote Lichtnelke (*Melandrium rubrum*) aus demselben Grunde. Aber auch die Mehrzahl der Seggenarten (*Carex*), die keineswegs Kalkreichtum lieben, fehlt den Inseln.

Desgleichen entbehren die Wasser- und Sumpfgesellschaften mancher Arten, denen man eine „allgemeine“ Verbreitung zuzuschreiben gewohnt ist, z. B. Teichrose (*Nuphar luteum*), Gränke (*Andromeda polifolia*) trotz ihrer guten Ausbreitungsmöglichkeit durch Wasservögel. Selbst der atlantische Gagelstrauch (*Myrica gale*) kommt nicht vor. Andere Arten aus dem Grün- oder Sumpfland fehlen zwar nicht völlig, sind aber außerordentlich selten, z. B. Sumpf-Dotterblume (*Caltha palustris*), Wiesen-Schaumkraut (*Cardamine pratensis*).

Selbst unter den Strandpflanzen finden sich ausgeprägte Lücken. So fehlt den Nordfriesischen Inseln (wie auch der ganzen schleswig-holsteinischen Nordseeküste) der Stranddorn (*Hippophae rhamnoides*), der auf den Ostfriesischen Inseln reichlich vorkommt. Wahrscheinlich ist sein Fehlen auf die Kalkarmut des Bodens zurückzuführen.

Eine erhebliche Anzahl von Arten, die auf den benachbarten dänischen Inseln Röm (nach WIINSTEDT 1946), Fanö und Manö (nach PEDERSEN 1953) festgestellt worden sind, hat auf den deutschen Nordfriesischen Inseln nicht festgestellt werden können: *Potamogeton alpinus* BALB. (Fanö), *Carex stricta* GOOD. (Fanö), *Juncus balticus* WILLD. (Röm, Fanö), *Epipactis palustris* MILL., CRANTZ (Röm, Fanö), *Platanthera bifolia* (L.) RICH. (Röm), *Leucorchis albida* (L.) MEY. (Fanö), *Stellaria crassifolia* EHRH. (Fanö), *Herniaria glabra* L. (Röm), *Sisymbrium loeselii* JUISL. (Röm), *S. altissimum* L. (Fanö), *Camelina microcarpa* ANDRZ. (Fanö), *Lathyrus paluster L. (Fanö), Polygala serpyllifolia* HOSE (Röm, Fanö), *Angelica silvestris* L. (Fanö), *Gentiana uliginosa* WILLD. (Röm, Fanö), *Nepeta cataria* L. (Röm), *Euphrasia brevipila* B. u. GR. (Röm, Fanö), *Eu. gratiosa* WIINST. (Fanö), *Linnaea borealis* L. (Fanö), *Valeriana sambucifolia*

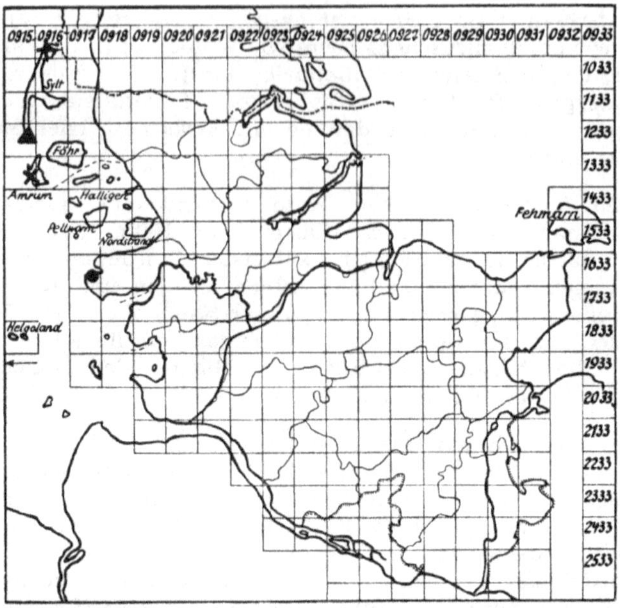

Abb. 4: Fundorte von *Convolvulus soldanella* L. (▲ ×) und *Trigonella ornithopodioides* (L) DC (● +), ▲ ● noch vorhanden, × + ausgestorben.

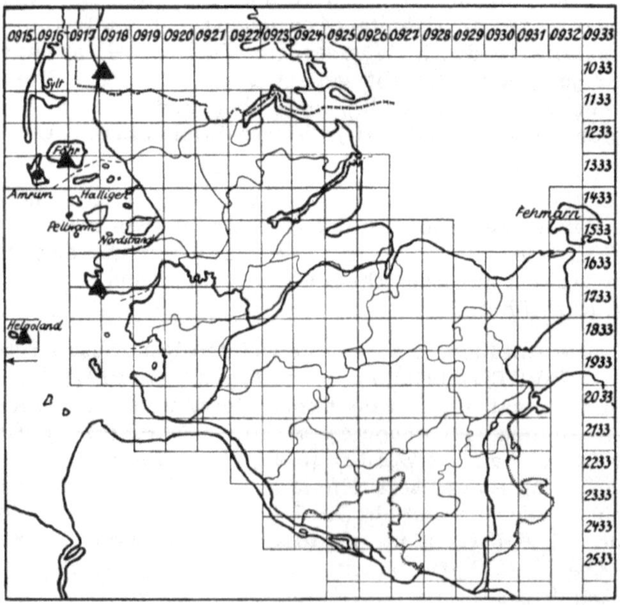

Abb. 5: Fundorte von *Listera cordata* (L.) R. BR. (●) und *Polygonum raji* BAB. (▲).

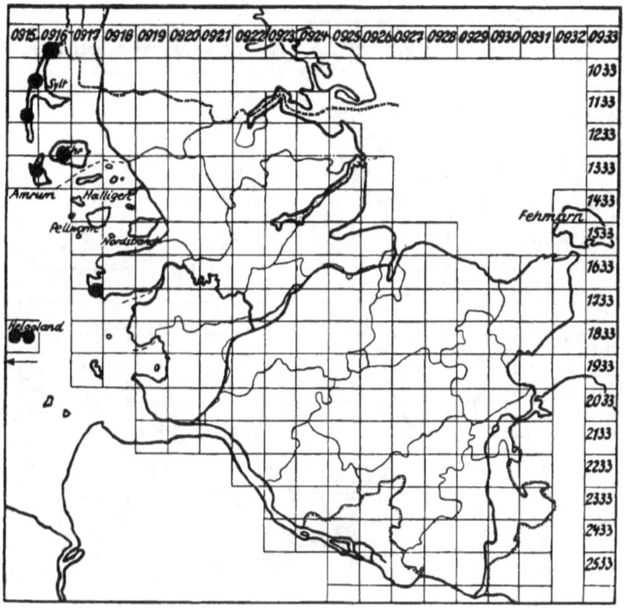

Abb. 6: Fundorte von *Cerastium tetrandrum* CURT.

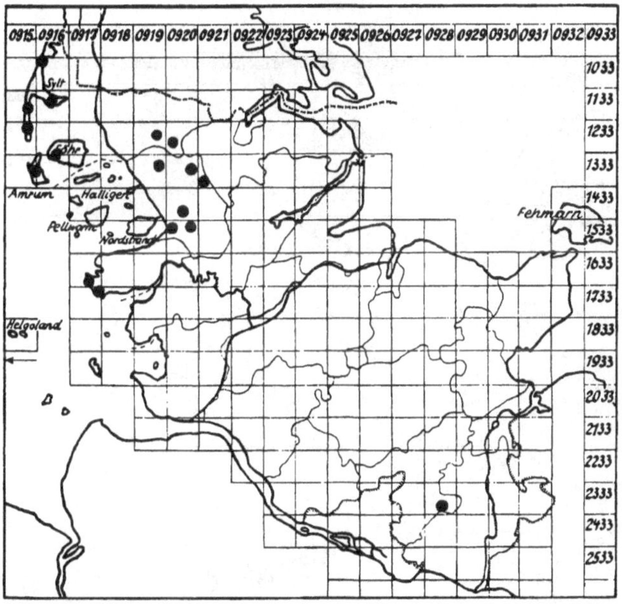

Abb. 7: Fundorte von *Deschampsia setacea* (HUDS.) RICHT.

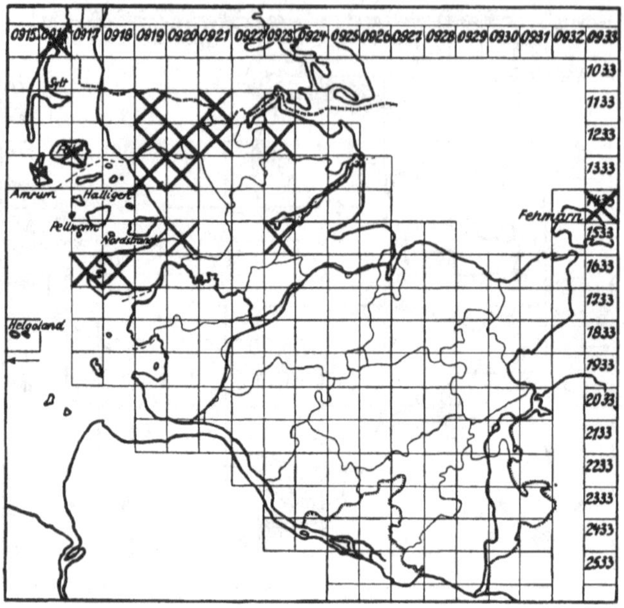

Abb. 8: Fundgebiet von *Eleocharis multicaulis* SM.

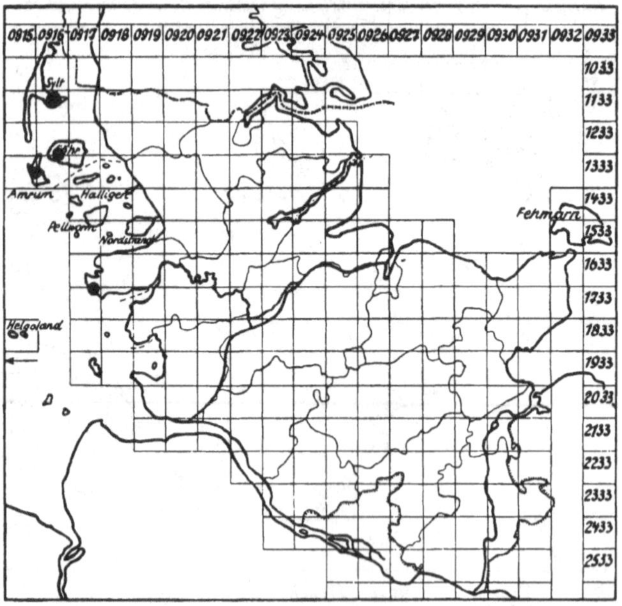

Abb. 9: Fundorte von *Juncus anceps* DE LAH.

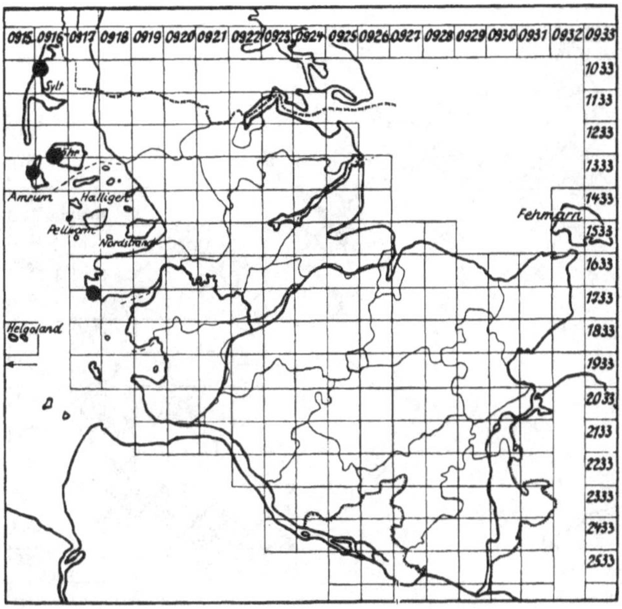

Abb. 10: Fundorte von *Juncus pygmaeus* RICH.

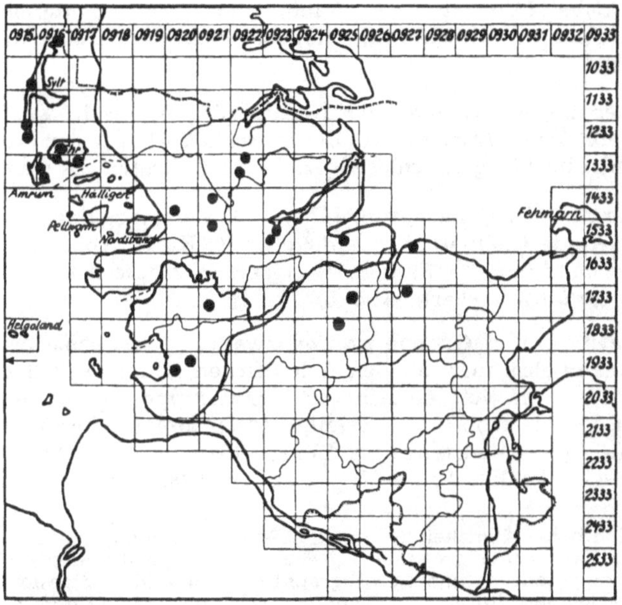

Abb. 11: Fundorte von *Sagina subulata* (SM.) FENZL.

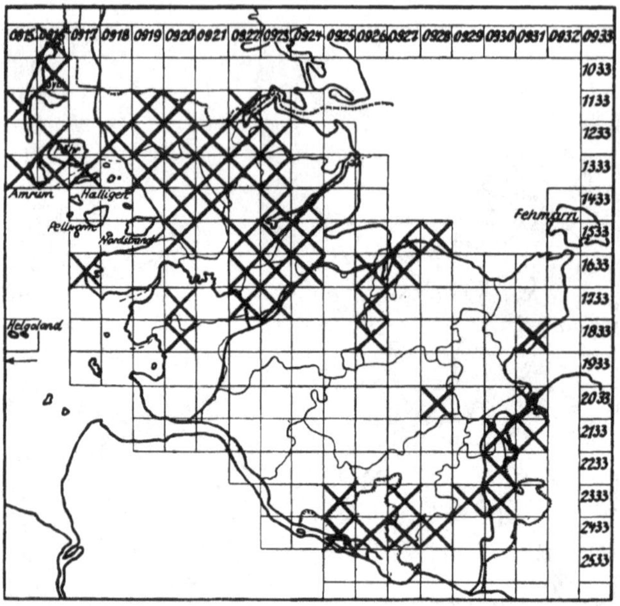

Abb. 12: Fundgebiet von *Apium inundatum* (L.) RCHB.

MIK. (Fanö), *Lobelia dortmanna* L. (Fanö). Eine Untersuchung, ob diese Arten in unserem Gebiet tatsächlich völlig fehlen, erscheint als eine dringende und lohnende Aufgabe.

Die Lücken im Artbestande der Nordfriesischen Inseln werden nur z. T. durch besondere Arten ausgeglichen, die ausschließlich auf den Nordfriesischen Inseln und nicht im übrigen Schleswig-Holstein auftreten. Es sind:

Pyramidengünsel (*Ajuga pyramidalis*) — Dreinervige Segge (*Carex trinervis*) — Dünenwinde (*Convolvulus soldanella*) (s. Karte Abb. 4) — Heide-Labkraut (*Galium pumilum*) — Fackelgras (*Koeleria albescens*) — Kleines Zweiblatt (*Listera cordata*) (s. Karte Abb. 5).

Arten einer zweiten Gruppe greifen zwar auf das benachbarte Festland über, beschränken sich aber auf den Atlantischen Klimakeil (CHRISTIANSEN 1938)[1]), in den sie ± weit eindringen: Viermänniges Hornkraut (*Cerastium tetrandrum*) (s. Karte Abb. 6) — Zweifarbige Schmiele (*Deschampsia setacea*) (s. Karte Abb. 7) — Vielstengelige Simse (*Eleocharis multicaulis*) (s. Karte Abb. 8) — Zweischneidige Binse (*Juncus anceps*) (s. Karte Abb. 9) — Zwerg-

[1]) Der Atlantische Klimakeil ist ein keilförmiges Gebiet, das zwischen Tönning und Tondern in das Herzogtum Schleswig eingreift und dessen Spitze in Angeln liegt. Er ist auf Grund pflanzen- und tiergeographischer Befunde festgestellt worden. Die Klimatologen erkennen ihn an und bemühen sich, seine Lage durch meteorologische Werte (Feuchtigkeit, Wind) zu fixieren.

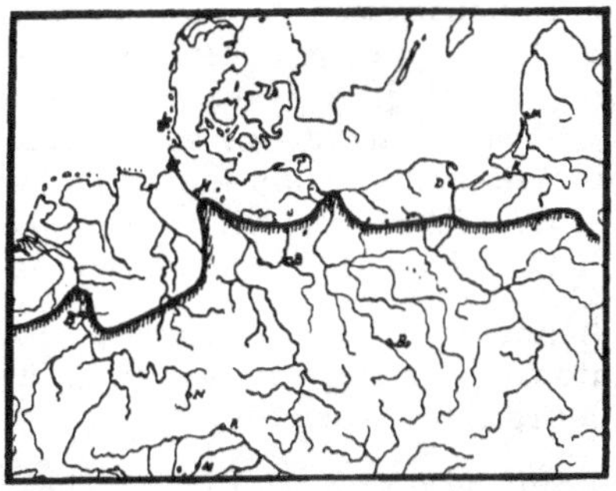

Abb. 13: Nordgrenze der Verbreitung der Karthäusernelke *(Dianthus carthusianorum).*

binse (*Juncus pygmaeus*) (s. Karte Abb. 10) — Pfriemenbl. Mastkraut (*Sagina subulata*) (s. Karte Abb. 11) — Vogelfußartiger Klee (*Trigonella ornithopodioides*) (s. Karte Abb. 4) — Strand-Knöterich (*Polygonum raji*) (s. Karte Abb. 5).

Aber nicht nur das Klima, sondern auch der Boden kann standortszuweisend sein. Daher kommt eine Gruppe von Arten nicht nur im Atlantischen Klimakeil und damit auch auf den Nordfriesischen Inseln vor, sondern auch auf mageren Böden Südostholsteins, z. B.: Sumpfschirm *(Apium inundatum)* (s. Karte Abb. 12) — Pillenfarn (*Pilularia globulifera*) — Andere Arten, die sich auch in Schleswig-Holstein auf die Geest beschränken, kommen auch nur auf den Geestinseln vor. Es sind atlantische Arten, die den leichten Boden bevorzugen, z. B.:

Rippenfarn (*Blechnum spicant*) — Englischer Ginster (*Genista anglica*) — Lungenenzian (*Gentiana pneumonanthe*) —. Einen Übergang zur vorigen Gruppe zeigen u. a.: Strandling (*Littorella uniflora*) — Fettkraut (*Pinguicula vulgaris*) — Torf-Laichkraut (*Potamogeton oblongus*) — Efeublättr. Hahnenfuß (*Ranunculus hederaceus*).

Eigenartig ist, daß einige Arten, die in Schleswig-Holstein namentlich im Östlichen Hügelland vorkommen, im Geestgebiet aber sehr selten sind oder gar fehlen, auf den Inseln wieder auftreten. So ist die Nickende Distel (*Carduus nutans*), eine eurasiatische Art, die nur in wenigen Punkten über den Nord-Ostsee-Kanal nach Norden vordringt, auf den Deichen Pellworms ein zwar schönes, aber sehr lästiges Unkraut. Der Goldhafer, im Östlichen Hügelland nur hin und wieder auftretend, ist auf Pellworm ein häufiges Gras. Der Knollige Hahnenfuß (*Ranunculus bulbosus*), der sonst das Gebiet des Atlantischen Klimakeils meidet, ist auf den Nordfriesischen Inseln wieder anzutreffen.

Besonderer Erwähnung verdient eine südöstliche Art, die Karthäusernelke (*Dianthus carthusianorum*), die eine besondere Zierde Amrums ist. Der eigenartige Grenzverlauf ihres Verbreitungsgebietes ist nur ausbreitungsgeschichtlich zu erklären. Aus der Karte Abb. 13 geht hervor, daß sie eine Stromtalpflanze ist. An den großen Strömen ist sie nach Norden gewandert, weil sie an ihnen geeignete Siedlungsplätze gefunden hat. Als die südliche Nordsee noch trocken lag, waren der Dünenstreifen bei St. Michaelisdonn in S.-Dithmarschen, der Donn, und auch Amrum am Ufer der Elbe gelegen, konnten also durch sie die Nelke erhalten. Möglicherweise hat auch ein zweites Nelkengewächs, das Ohrlöffel-Leinkraut (*Silene otites*), ebenfalls eine südöstliche Art, dieselbe Geschichte. Auf Sylt und Amrum ist es bis heute beobachtet worden. Auf Föhr, wo NOLTE es 1825 feststellte, hat man es seitdem nicht mehr finden können. Im übrigen Teil Schleswig-Holsteins kommt es urwüchsig nicht vor.

Zu den größten Seltenheiten im norddeutschen Flachlande gehört ein kleiner Farn, die Mauerraute (*Asplenium ruta-muraria*). Sie kommt an den beiden großen Kirchen auf Föhr reichlich vor.

Da auf Amrum und Sylt noch größere Heideflächen von Kulturmaßnahmen verschont geblieben sind — auf Amrum sind neuerdings leider erhebliche Teile aufgeforstet worden —, begegnet man auf diesen Inseln Arten, die selbst auf der schleswig-holsteinischen Geest sehr selten geworden sind, z. B.:

Heideseide *(Cuscuta epithymum)* — Lungenenzian *(Gentiana pneumonanthe)* — Wohlverleih *(Arnica montana)* — Schwarzwurzel *(Scorzonera humilis)* — Katzenpfötchen *(Antennaria dioica)*.

IV. Der Polyploidenanteil an der Pflanzendecke der Nordfriesischen Inseln[1])

Auf Grund verschiedener Beobachtungen ist angenommen worden, daß der Anteil der Polyploiden an der Flora eines Gebietes um so größer ist, je „schwieriger“ (einseitiger, extremer) die Standortverhältnisse in ihm sind. Wenn diese Annahme auch vielleicht nicht verallgemeinert werden kann (vergl. REESE 1958), so hat sie doch zweifellos für weite Gebiete Mitteleuropas Geltung und trifft offenbar auch für das Gebiet der Nordfriesischen Inseln zu.

Für unser Gebiet liegt die „Schwierigkeit des Standortes“ in Klima und Boden begründet. Daher eben ist der Anteil der polyploiden Arten gegenüber den diploiden außerordentlich hoch (s. Tab. 3). Der Polyploidenanteil für die gesamte Flora der Nordfriesischen Inseln beträgt 64,4 %, für Nordstrand steigt er auf 66,5 %. Nur für wenige Gebiete Schleswig-Holsteins sind ähnlich hohe Werte angegeben (CHRISTIANSEN 1957), und zwar nur in Nordseenähe: Meßtischblatt Tönning 66,84 %, Meßtischblatt Neukirchen (Kr. Südtondern)

---

1) Die Größe der Inseln beträgt (nach Handbuch der Provinz Schleswig-Holstein 1936): Sylt 93,3 qkm, Föhr 77,9 qkm, Nordstrand 46,0 qkm, Pellworm 35,6 qkm, Amrum 20,5 qkm. Die Größe der bewohnten Halligen gibt M. PETERSEN 1957 an mit: Nordmarsch-Langeness 985 ha, Hooge 570 ha, Hamburger Hallig 80 ha, Süderoog 60 ha, Südfall 50 ha, Habel 4 ha, insgesamt 2280 ha. Dazu die unbewohnte Hallig Norderoog mit etwa 50 ha.

p = polyploid, d = diploid, dp = die Art umfaßt sowohl diploide als auch polyploide Rassen, ? = Chromosomenzahl unbekannt.

Es sind nur die Anteile der diploiden und der polyploiden Arten zueinander in Beziehung gesetzt, die Anteile der Arten, deren chromosomale Verhältnisse unbekannt oder d und p sind, sind nicht berücksichtigt.

Tab. 3. Übersicht über die chromosomalen Verhältnisse der urwüchsigen Arten der Nordfriesischen Inseln

	p Anzahl	%	d Anzahl	%	dp Anzahl	? Anzahl	Gesamt-Anzahl
Alle Inseln zusammen	288	64,4	159	35,6	45	12	504
Sylt	240	63,8	136	36,2	36	12	424
Amrum	202	63,9	114	36,1	40	8	364
Föhr	251	64,7	137	35,3	41	9	438
Pellworm	115	62,2	70	37,8	27	3	215
Nordstrand	109	66,5	55	33,5	23	1	188
Halligen	67	65,7	35	34,3	15	1	118

65,74 %. Höhere Werte zeigen die dänischen Nachbarinseln Röm 67,21 %, und Fanö 73 %.

B. Übersicht über die auf den Nordfriesischen Inseln festgestellten Gefäßpflanzen mit Nr. nach Mansfeld und den chromosomalen Verhältnissen bei den einheimischen Arten[1].

	Artnamen	Sylt	Amrum	Föhr	Pellworm	Nordstrand	Halligen
4 p	*Equisetum arvense* L. Acker-Schachtelhalm	R 1890	KN 1895	SCH 1860	KN 1895	KN 1895. L 1939	
	v. *campestre* MILDE f. *genuinum* MILDE	1952 !!			Gr.Norder- koog 1955 !! 1956 !!	1960 !!	
	v. *agreste* KLINGE f. *compactum* KLINGE			DNC 1925. K 1951 1960 !!			
	v. *ramulosum* RUPR.	1952 !!		Mehrfach 1960 !!			
5 p	*E. palustre* L. Sumpf-Schachtelhalm	SCH 1860		SCH 1860. PJ 1911			
	f. *verticillatum* MILDE	1952 !!			Mehrfach 1956 !!		
	f. *simplicissimum* A. BR.	1952 !!					
6 p	*E. heleocharis* EHRH. Schlamm-Schachtelhalm	SCH 1860	KN 1895. 1930—1954 !!	SCH 1860		P 1924	
	f. *fluviatilis* (L.) ASCH.	Mörderkuhle 1952 !!		Mehrf. PJ 1911. DNC 1925. 1960 !!		1960 !!	
	f. *limosum* (L.) ASCH.			SCH 1860. SP 1957. 1960 !!			
13 p	*Lycopodium inundatum* L. Sumpfbärlapp	KN 1890. Oft !!	SCH 1860. Oft !!	SCH 1860. Mehrf. !!			
14 p	*L. clavatum* L. Kolbenbärlapp	Kampen, KOPPE 1929. Morsum Kliff 1936 ff !! Braderup, THEDE 1936	SCH 1860. HELM br. 1930	SCH 1860. Mehrf. !! Zahlreiche Formen DNC 1925			

[1]) **Erklärung der Abkürzungen:** d = diploid, p = polyploid, dp = sowohl diploid wie polyploid, ? = chromosomale Verhältnisse unbekannt. Für die großen Buchstaben siehe Verzeichnis der Beobachter und Schriftenverzeichnis. Für die Halligen bedeuten: G = Gröde — Ha = Habel — Ho = Hooge — L = Langeness (einschl. Nordmarsch) — No = Norderoog — Nm = Nordstrandischmoor — O = Oland — Sf = Südfall — So = Süderoog. — Im übrigen bedeuten: gem = gemein — ff = und in den folgenden Jahren — Hb Kiel = Herbar des Botanischen Institutes der Universität Kiel — h oder hfg = häufig — n.s. = nicht selten — s.h. = sehr häufig — s oder slt = selten. Die Hamburger Hallig ist nicht berücksichtigt, da sie, in breiter Front mit dem Festland verbunden, ihre Halligeigenart verloren hat.

21 p	*Ophioglossum vulgatum* L. Natternzunge	BU n. PRAHL 1890	L u. !! 1954		L 1936 Hb. Kiel !
22 p	*Botrychium lunaria* (L.) SW. Mondraute	J. SCHMIDT 1882. Mehrf. 1952 !!	REINKE 1936	BREDEMANN n. DNC 1928	
28 p	*Osmunda regalis* L. Königsfarn	Vogelkoje, SVENDSEN 1885 n. PJ 1910. 1952 !! Boakental, DNC 1928 (mehrere Formen)	1930—1958 !!	Mehrf. SPRINGER 1928 n. DNC 1928. K u. !! 1951	
30 p	*Pteridium aquilinum* (L.) KUHN Adlerfarn	PRAHL n. A. u. G. RA 1950. Flugplatz 1952 !!		FB 1876	
34 p	*Blechnum spicant* (L.) SM. Rippenfarn	Vogelkoje, KN 1890. 1936—1952 !!		SCH 1860. 1914 !! viele Formen	
36	*Asplenium trichomanes* L. Brauner Streifenfarn			JESSEN in Hb. Kiel ! Irrtum?	
45 p	*A. ruta-muraria* L. v. *brunsfelsii* HEUFL. Mauerraute			Johanniskirche, SCH 1860. 1911 ff !! Laurentiuskirche, KN 1894 ! 1911 ff !!	
48 p	*Athyrium filix-femina* (L.) ROTH Frauenfarn	RA 1950. Vogelkoje, ASMUS		Mehrf. PJ 1910. Formen: WI. CHRI. 1911, PJ 1911, DNC 1925	
55 p	*Dryopteris phegopteris* (L.) C. CHR. Buchenfarn			Borgsum 1950 !!	
57 p	*Dr. linnaeana* C. CHR. Eichenfarn			Borgsum, PJ 1913 n. DNC 1925. SP 1957 Südstrand 1951 !!	

	Artnamen	Sylt	Amrum	Föhr	Pellworm	Nordstrand	Halligen
58 d	*Dr. thelypteris* (L.) GRAY Sumpffarn	Gr. Burgtal 1953 !!		Oevenum, K 1952			
59 d	*Dr. oreopteris* (EHRH.) MAX. Bergfarn	Vogelkoje, VOGELER n. DNC 1928		Mehrf. 1911 !! K 1951			
60 p	*Dr. filix-mas* (L.) SCHOTT Wurmfarn	Vogelkoje, RA 1950	Mehrf. 1930 ff !!	SCH 1860. Mehrf. !!	Hooger Fähre 1956 !!		
64 p	*Dr. austriaca* (JAQU.) WOYN. Dornfarn	Vogelkoje, KN 1890					
	ssp. *spinulosa* (MÜLL.) SCH. u. THELL.	Vogelkoje, PJ 1913. 1952 !! Gr. Burgtal 1953 !!	PJ 1913. Mehrf. 1930 ff !!	Mehrf. PJ 1910. 1951 !!			
	ssp. *dilatata* (HOFFM.) SCH. u. THELL.			PJ 1910. K 1951			
69 p	*Polypodium vulgare* L. Formen bei PJ 1913 u. DNC 1928 Tüpfelfarn	R 1890. N. s. 1952 !!	SCH 1860. Mehrf. 1930—58 !!	BU 1887. N. s. 1911 ff !!			
71 ?	*Pilularia globulifera* L. Pillenfarn	Zwischen Westerland u. Tinnum, JAAP 1897 n. PJ 1910. †		Westerland, SCH 1860. †			
84 ?	*Juniperus communis* L. Wacholder	Vogelkoje u. Braderup, O 1939. Kampen, WEIDEMANN 1947. Morsum-Heide 1953 !!	SCH 1860. Östl. Vogelkoje WÖBBE 1954 !! In den Dünen, L				
86 d	*Typha latifolia* L. Breitblättriger Rohrkolben	PJ 1913 Öfters 1953 !!		PETERS 1825	H 1959	L 1939	
	ssp. *eu-latifolia* GRAEBN.			Mehrf. 1951 K u. !!		Vogelkoje 1958 !!	
88 d	T. *angustifolia* L. Schmalblättriger Rohrkolben	PJ 1913. Öfters 1952 !!		PETERS 1825. Mehrf. 1951 K u. !!	KN 1895		

91 d	*Sparganium erectum* L. Aufrechter Igelkolben			SCH 1960		
	ssp. *polyedrum* (A. u. G.) SCH. u. TH.			DNC 1925. Mehrf. !!		
	ssp. *neglectum* (BEEBY) SCH. u. TH.	Gr. Burgtal 1953 !!		PJ 1911. K 1952	Süderkoog 1956 !!	
92 d	*Sp. simplex* HUDS. Einfacher Igelkolben			SCH 1860. K 1952		
	ssp. *genuinum* WI. CHRI.					
	v. *angustifolium* MOR.		Vogelkoje, PJ 1913. Alte Vogelkoje 1930 !!			
95 d	*Sp. minimum* FRIES Kleiner Igelkolben					
	f. *pedunculatum* ZAP.			Im Westen, DNC 1925		
96 p	*Potamogeton natans* L. Schwimmendes Laichkraut	R 1890. Mehrf. 1952 !!	KN 1895. Mehrf. 1930—54 !!	SCH 1860. SP 1957		L 1938. SP 1925
	v. *vulgaris* KOCH	Braderup 1953 !!		Mehrf. 1951 K u. !!	Mehrf. 1956 !!	
	v. *prolixus* KOCH			Im Westen, DNC 1925		
	ssp. *sparganifolius* ALM.				Seegaarden 1956 !!	
97 p	*Potamogeton oblongus* VIV. Torf-Laichkraut		SCH 1860. 1930—58 !!	SCH 1860. Mehrf. !! SP 1957		
101 p	*P. gramineus* L. Grasartiges Laichkraut v. *heterophyllus* FRIES.			ARFSTEN n. FB 1876		
107 p	*P. crispus* L. Krauses Laichkraut		Vogelkoje, HELM br. 1927	SCH 1860. DNC 1925		
110 p	*P. obtusifolius* M. u. K. Stumpfblättriges Laichkraut			SCH 1860. DNC 1925		

	Artnamen	Sylt	Amrum	Föhr	Pellworm	Nordstrand	Halligen
111 p	*P. mucronatus* SCHRAD. Stachelspitziges Laichkraut			Alkersum, PJ 1911. DNC 1925			
113 p	*P. pusillus* L. Kleines Laichkraut	HANSEN n. KN 1890	SCH 1860 HELM br. 1927	PJ 1911. SP 1959		L 1938	
	v. *vulgaris* FRIES	Rantum-Becken 1952 !!					
	v. *tenuissimus* M. u. K.	Tinnum, PJ 1913					
115 p	*P. pectinatus* L. Kammförmiges Laichkraut	SCH 1860	SCH 1860. 1930 !!	TIMM 1925 n. DNC 1925			Ho, SP 1959
	v. *scoparius* WALLR.			DNC 1925. SP 1957	1956 !!	L 1938 1958 !!	L, SP 1959
	v. *interruptus* (KIT.) A. u. G.			N 1825 Herb. Bot. Inst. Kiel! 1951 !!			
	v. *vulgaris* CH. u. SCHL.				Mehrf. 1956 !!		
118 dp	*Ruppia maritima* L. Salde	Westerland, OSTERMEYER 1906					Ho, SP 1939
	v. *rostrata* AGARDH	PJ 1913. Rantum-Becken 1952 !!	SCH 1860. Strandtümpel westl. Nebel 1954 und 1958 !!	ARFSTEN n. KN 1895. DNC 1925	Mehrf. 1956 !!	L 1938.	
	v. *spiralis* MORIS		Daselbst, LDW 1956				
119 d	*Zostera marina* L. Seegras v. *typica* HARMS. u. v. *stenophylla* A. u. G.*)						
120 d	*Z. nana* ROTH**) Kleines Seegras						
121 p	*Triglochin maritimum* L. Strand-Dreizack	SCH 1860. Oft !!	SCH 1860. N. s. !!	SCH 1860. N. s. 1911 ff !!	KN 1895. Oft 1955 !!	KN 1895. 1958 !!	G 1960 !! Ho 1960 !!, L 1936 !!, Nm 1960 !!, O 1960 !!

*) Beide var. im Meer zwischen Inseln und Halligen. **) In flachem Wasser zwischen Inseln und Halligen.

122 p	*T. palustre* L. Sumpf-Dreizack	SCH 1860. Mehrf. !!	Norddorf, R 1890. 1930—58 !!	SCH 1860 Mehrf. SP 1957	KN 1895. Mehrf. 1955 !!	KN 1895. L 1938
126 p	*Zannichellia palustris* L. Teichfaden v. *pedunculata* RCH. ssp. *genuina* ASCHERS.		 Strandtümpel westl. Nebel 1954 !!		 Mehrf. 1956 !!	L 1938 H 1955
128 dp	*Alisma plantago-* *aquatica* L. v. *latifolium* KUNTH Gemeiner Froschlöffel	Morsum, SP 1959 Keitum 1952 !!	 1954 !!	SCH 1860 DNC 1925. K 1952. 1960 !!	KN 1895 1956 !!	L 1938 H 1955
130 p	*A. lanceolatum* WITH. Schmalblättriger Froschlöffel			DNC 1925. FRIES 1949 !		
133 d	*Echinodorus* *ranunculoides* ENG. Igelschlauch			SCH 1860. Im Westen, DNC 1925		
135 p	*Butomus umbellatus* L. Schwanenblume			BU 1887. K 1951		
137	*Elodea canadensis* RICH. Wasserpest			BU 1887. N. s. 1952 !!. K 1952	H 1959	
140	*Bromus secalinus* L. Roggentrespe ssp. *vulgaris* KOCH v. *glabratus* SCHULTZ v. *elongatus* A. u. G. v. *polyanthus* BECK v. *lasiophyllus* BECK	SCH 1860 Verbr. PJ 1913. 1952 !! Westerland, DNC 1925 Keitum, PJ 1930, 1952 !! Morsum, PJ 1913 Mehrf. DNC 1928	SCH 1860 Mehrfach !!	PETERS 1825 Verbreitet !! Mehrf. DNC 1925. Witsum 1951 !! Im Westen. DNC 1925		

	Artnamen	Sylt	Amrum	Föhr	Pellworm	Nordstrand	Hailigen
141	*Br. arvensis* L. Ackertrespe	Keitum, PJ 1913				L 1936	
	v. *eu-arvensis* A. u. G.				Mehrf. 1956 !!		
	f. *violaceus* A. u. G.			Im Westen, DNC 1925			
143	*Br. racemosus* L. Traubige Trespe	SCH 1860. Mehrf. 1952 !!		Verbreitet, K 1951 u. !!	Mehrf. 1955 !!		
144 p	*Br. mollis* L. Weiche Trespe ssp. *vulgaris* (P. J.) WI. CHRI.	SCH 1860	KN 1895	SCH 1860. Hfg. K 1951	KN 1895	Kn 1895. L 1938	
	v. *typicus* BECK	Mehrfach 1952 !!	Mehrfach 1958 !!	DNC 1925	Mehrfach 1956 !!	Mehrfach 1958 !!	Nm 1960 !! Ho 1960 !!, G 1960 !!, O 1960 G 1960 !!, L 1960 !!, O 1960 !! G 1960 !!, Ho 1949 !!
	v. *confertus* G. F. W. MEY.		Norddorf 1954 !!	Wyk 1960 !!			
	ssp. *thominii* (HARD.) BRÉB.	N. s. 1952 !!	N. s. 1958 !!	N. s. K 1951 u. !!	Slt. 1956 !!		
146	*Br. commutatus* SCHRAD. Wiesentrespe			Boldixum 1927 !!			
150	*Br. erectus* HUDS. Aufrechte Trespe			Midlum, K 1951			
	ssp. *eu-erectus* A. u. G.		Leuchtturm, PJ 1913 b				
151	*Br. inermis* LEYSS. Unbegrannte Trespe v. *typicus* BECK			K 1951. Mehrf. SP 1957 Wyk 1951 !!	Norder- hafen 1960 !!		
	v. *aristatus* SCHUR	Mehrfach 1952 !! List, LDW 1953		Wyk 1949 !! Boldixum 1951 !!			
152	*Br. sterilis* L. Taube Trespe	Mörderkuhle 1952 !!		Wyk, PJ 1913 b. Mehrf. 1960 !!			

153	*Br. tectorum* L. Dachtrespe		Norddorf Bahnhof 1942 !!				
158	*Festuca gigantea* (L.) VILL. Riesenschwingel	Lornsenhain 1952 !!		Königsgarten, PJ 1911			
159 p	*F. arundinacea* SCHREB. Rohrschwingel	R 1889. Mehrf. PJ 1913	PJ 1930	PJ 1911. K 1951		L 1938.	
	v. *vulgaris* HACKEL	Öfters 1952 !!	Norddorf 1954 !!		Mehrf. 1955 !!	1958 !!	
160 d	*F. pratensis* HUDS. Wiesenschwingel v. *genuina* HACK.	O 1947	PJ 1913	SCH 1860. Verbr. !!	1955 !!	L 1938. H 1955	Gröde, RU 1955
	f. *typica* HACK.	Keitum 1952 !!	Norddorf 1954 u. 58 !!	DNC 1925			O 1960 !!
165 p	*F. rubra* L. Rotschwingel	SCH 1860		KN 1895. SP 1957		L 1938	KN 1895. O 1960 !!
	v. *genuina* HACKEL		PJ 1913. Oft 1930—58 !!		Oft 1955 !!		Ho 1939 u. 60 !!
	f. *arenaria* (OSB.) FRIES	SCH 1860. Oft 1952 !!	SCH 1860. Oft 1958 !!	SCH 1860. Oft 1951 !!			
	f. *vulgaris* GAUD.		Oft 1958 !!	Verbr. DNC 1925. K 1951		1958 !!	Ho 1949 !!, Nm 1960 !!, O 1960 !!
	sf. *litoralis* HACKEL	Strand, gem. 1952 ff !!	Strand 1930—58 !!	Strand 1911 ff !!	Strand 1955 !!	Strand 1956 !!	Gem. 1914 ff !!
	v. *fallax* (THUILL.) HACKEL		PJ 1913				
172 dp	*F. ovina* L. Schafschwingel	SCH 1860	SCH 1860	SCH 1860	1955 !!		
	ssp. *vulgaris* KOCH v. *genuina* A. u. G.	Oft 1952 !!	Oft 1952 !!	Oft 1954 !!	Buphe-verdeich 1954 !!		
	ssp. *duriuscula* (L.) KOCH	Morsum, EBNER 1879					
	ssp. *capillata* (LAM.) HACKEL	OSTERMEYER 1906. Mehrf. 1952 !!	Dünen oft 1958 !!	Südstrand, KN 1895. K 1952			
	ssp. *glauca* HACKEL	Verbr. PJ 1913 b	Verbr. PJ 1913 b	Verbr. PJ 1913 b			
174	*Vulpia myurus* (L.) GMEL. Mauseschwanz-Fuchsschwingel			Sanatorium, BRANDES n. DNC 1928			

	Artnamen	Sylt	Amrum	Föhr	Pellworm	Nordstrand	Halligen
175	*V. bromoides* (L.) GRAY Federschwingel	BARGUM in Hb Kiel ! Mehrf. PJ 1913. 1952 !!	Hospiz, HELM br. HERMANN 1938 Hb. Kiel !	SCH 1860. K 1951			
177	*Brachypodium* pinnatum (L.) P. B. Gefiederte Zwencke v. *vulgare* KOCH		Am Leuchtturm 1958 !!				
179 p	*Glyceria aquatica* WHLBG. Wasserschwaden	HANSEN n. KN 1890		SCH 1860. Mehrf. K 1951		P 1924	
181 p	*Gl. fluitans* (L.) R. BR. Mannagras ssp. *festucacea* FRIES v. *loliacea* (HUDS.) A. u. G.	R 1890 Öfters 1952 !! Westerland, PJ 1913	R 1890 Vogelkoje 1954 !! Vor Vogelkoje, LDW 1956	SCH 1860. Verbr. 1960 !!	1955 !!	L 1938 H 1955.	
182 p	*Gl. plicata* FR. v. *triticea M. T. L.* Faltiger Schwaden	Archsum u. Keitum, PJ 1913					
185 p	*Puccinellia distans* (L.) P. Abstehender Schwaden	SCH 1860. N. s. 1952 !!	FB 1876. Nicht selten 1930 ff !!	SCH 1860. 1924 ff !!	N. s. 1956 !!	H 1955 1958 !!	G 1960 !!, Ha u. Ho 1939 !!, Nm 1960 !!, O, BU n. KN 1895, 1960 !!
— ?	*P. retroflexa* (CURT.) HOLMB. Zurückgekrümmter Schwaden	Keitum 1952 !!		1951 !!			Ho 1951 !!, L 1960 !!, O 1960 !!
187 p	*P. maritima* (HUDS.) PARL. f. *anomala* LANGE Andel	SCH 1860. Hfg. !! N 1825 in Hb Kiel !	SCH 1860. Hfg. !! BARGUM 1812 Hb Kiel ! Norddorf 1930 !!	SCH 1860. Hfg. !!	KN 1895. Hfg. !!	KN 1895. Hfg. !!	Alle, KN 1895, !!

190 p	*Poa annua* L. Einjähriges Rispengras	KN 1890. Hfg. !!	KN 1895. Hfg. !!	SCH 1860. Hfg. !!	KN 1895. Hfg. !!	KN 1895. Hfg. !!	Alle, KN 1895, !!
	f. *pauciflora* FIEK	Klappholttal, PJ 1913	N. s. !!	N. s. !!	N. s. !!		
199	*P. nemoralis* L. Wald-Rispengras	Keitum, OSTERMEYER 1906. Mehrf. 1952 !!		Laurentiuskirche 1951 !! Wyk, SP 1957, 1960 !!			
	v. *vulgaris* GAUD.			Laurentiuskirche 1951 !!	Vogelkoje 1955 !!		
	f. *micrantha* HARTM.			Laurentiuskirche 1951 !!	Vogelkoje 1955 !!		
200 p	*P. palustris* L. Sumpf-Rispengras			Mehrf. K u. !! 1951			
	f. *effusa* RCHB.	Wenningstedt 1953 !!					
	f. *glabra* ASCHERS.			Königsgarten 1951 !!			
204 d	*P. trivialis* L. Gemeines Rispengras	SCH 1860	KN 1895	KN 1895. SP 1957		H 1955	L, SP 1957
	v. *vulgaris* RCHB.	1952 !!	Hfg. 1958 !!	Mehrf. 1960 !!	1955 !!	1958 !!	G 1960 !!, L 1960 !!, Nm 1960 !!
	f. *stricta* DÖLL			Im Westen, DNC 1925			
	v. *glabra* DÖLL	Keitum, PJ 1913		Lembkehain 1951 !!			Ho 1949 !!
205 p	*P. pratensis* L. Wiesen-Rispengras ssp. *eu-pratensis* HAY.	SCH 1860	KN 1895	SCH 1860. SP 1957		H 1955	No, KN 1895 Nm 1956 !!
	v. *vulgaris* GAUD.	N. s. 1952 !!	N. s. 1954 !!	Lembkehain 1951 u. 1960 !!	N. s. 1956 !!	1958 !!	G 1960 !!, Ho 1960 !!,
	f. *latifolia* WEIHE		N. s. 1958 !!			1958 !!	L 1960 !!, O 1960 !!
	v. *humilis* (EHRH.) GRIESEB.	R 1890	R 1890. 1958 !!	Goting, PJ 1913. 1951 !!			G 1960 !!, Ho 1960 !!
	ssp. *angustifolia* SMITH	Ellenbogen 1953 !!	Mehrf. 1958 !!	Lembkehain 1951 !!. Wyk 1960 !!			
208 p	*P. compressa* L. Flaches Rispengras	Keitum 1952 !!	Wittdün, RA 1947	1951 !!			

	Artnamen	Sylt	Amrum	Föhr	Pellworm	Nordstrand	Halligen
209 d	*Briza media* L. Zittergras	SCH 1860		SCH 1860			
211 d	*Catabrosa aquatica* (L.) P. B. Quellgras			Mehrf. PJ 1911. K 1952			
212 p	*Dactylis glomerata* L. Knaulgras	SCH 1860	KN 1895	SCH 1860	KN 1895	KN 1895	
	ssp. *eu-glomerata* J. u. W.	S. h. 1951 !!	Hfg. 1930 ff !!	Gemein 1911 ff !!	Gemein 1955 !!	Hfg. 1958 !!	Hooge !! G 1960 !! O 1912 !!
213 d	*Cynosurus cristatus* L. Wiesen-Kammgras	SCH 1860. Mehrf. 1952 !!	BU 1887. Mehrf. 1930 ff !!	SCH 1860. Mehrf. 1960 !!	KN 1895. Oft 1955 !!	KN 1895. 1958 !!	G 1960 !! Ho !!, L 1960 !!
—	*C. echinatus* L. Stacheliges Kammgras			Flugplatz 1922 !!			
223	*Lolium temulentum* L. Taumellolch			FRÖLICH Herb. Kopenhagen n. PJ 1913. SCH 1860. ARFSTEN n. KN 1895			
225	*L. multiflorum* LAM. Vielblütiger Lolch	PJ 1913. Vielf. 1952 !!	KUCKUCK u. POLGER 1906 n. PJ 1913 b	DNC 1925	Mehrf. 1955 !!	L 1938	
	v. *submuticum* MUTEL	Morsum, PJ 1913					
	v. *longiaristatum* A. u. G.	Mehrf. DNC 1925		Mehrf. DNC 1925			
	f. *ramosum* GUSS.	Wenningstedt, DNC 1925					
	v. *muticum* DC.			Im Westen, DNC 1925			
226 d	*L. perenne* L. Weidelgras	SCH 1860. Hfg. !!	SCH 1860. Hfg. !!	SCH 1860 SP 1957	KN 1895. 1955 !!	KN 1895. L 1938	G 1960 !!, L, SP 1957, 1960 !!, Ho !!, SP 1956, O !!

	v. *typicum* BECK	PJ 1913 b. Hfg. 1952 !!	Hfg. 1930 ff !!	DNC 1925. 1911 ff !!		1958 !!	Nm 1960 !!
	v. *longiglume* CRANTZ	Wenningstedt, DNC 1928 Weitere Formen DNC 1928					
227 p	*Molinia coerulea* L. Bent	SCH 1860. N. s. 1952 !!	BU 1887. Mehrf. 1930 ff !!	SCH 1860. N. s. K 1951			
	v. *genuina* A. u. G.	N. s. 1952 !!	Mehrf. 1958 !!	Hfg. DNC 1925. K u. !! 1951			
	v. *depauperata* A. u. G.	Morsum, PJ 1913. Hörnum 1953 !!	PJ 1913. 1954 !!	Hedehusum, PJ 1913 b			
	v. *subspicata* FIGERT		Bei d. Vogelkoje. PJ 1913				
229 p	*Agropyron junceum* (JUSL.) P. B. Binsenquecke	SCH 1860	SCH 1860	SCH 1860		REINKE 1951 n. H. 1959	No 1939 !!
	f. *microstachyum* LANGE	Keitum 1952 !!	Mehrf. 1930 ff !!	Mehrf. DNC 1925. 1951 ff !!			
	sf. *pygmaeum* P. J.	List, HANSEN 1846 n. PJ 1913 b Keitum, JAAP n. PJ 1913 b 1952 !!	Nebel 1954 !!				
	f. *megastachyum* FRIES			Mehrf. DNC 1925, 1951 !!			
230 p	*A. repens* (L.) P. B. Quecke	SCH 1860	SCH 1860	PETERS 1825	Kn 1895. 1955 !!	KN 1895. L 1938	Alle be-wohnten Halligen, KN 1895, !!
	v. *hirsutum* MARSS.	Keitum 1952 !!					
	v. *caesium* BOLLE	Westerland, PJ 1913. Keitum 1952 !!		Wyk 1960 !!			
	v. *vulgare* DÖLL	Westerland, PJ 1913	Norddorf 1958 !!	Wyk 1960 !!		1958 !!	
	v. *maritimum* (K. u. Z.) HOLMB.	Keitum-Archsum, PJ 1913					
	v. *litoreum* (SCHUM.) A. u. G.	Kampen, LDW 1953	LDW 1956	KN 1895. K 1951			
	v. *aristatum* (DÖLL) VOLK.	Mehrf. PJ 1913	Norddorf, PJ 1913			1958 !!	
	v. *glaucum* DÖLL	Mehrf. PJ 1913	Norddorf 1958 !!	Wyk 1960 !!			

	Artnamen	Sylt	Amrum	Föhr	Pellworm	Nordstrand	Halligen
231 p	*A. litorale* (HOST.) DUM. Strandquecke	KN 1890. Mehrf. 1952 !! Mehrere Formen s. PJ 1913	N 1825 Hb Kiel! Mehrf. 1954 u. 58 !!	KN 1895 (*Triticum acutum* DÖLL). Mehrf. PJ 1911 !!	Am Hafen 1955 !!	KN 1895. 1958 !!	G 1960 !!, L 1960 !!, Ho u. No 1939 !!, Nm 1960 !!, O 1960 !!
	A. litorale x A. junceum	Mehrfach 1953 !!	Mehrfach 1954 !!				
245	*Hordeum murinum* L. Mäusegerste	Westerland 1952 !! Rantum, SP 1956		N 1825 n. PJ 1913 b. Mehrf. K 1952. SP 1957. 1960 !!	Kn 1895. 1955 !!	FB 1876. Norderhafen 1958 !!	Ho, KN 1895. L, SP 1957, 1960 !!
246 dp	*Hordeum nodosum* L. Salzgerste	SCH 1860	N 1825 n. KN 1895 mehrf. 1954 !!	SCH 1860. Slt. K 1951	1955 !!	L 1938. 1958 !!	G 1960 !!, Ho 1939 u. 1960 !!, O. BU u. KN 1895
	v. *marinum* (HUDS.) KOCH	Mehrf. PJ 1913, 1952 !!					
247 d	*H. maritimum* WITH. Strandgerste	PRAHL 1872		CALLSEN n. LANGE 1886	N 1825 Hb Kiel!	Norderhafen, N 1825 Hb Kiel! L 1938	
249 p	*Elymus arenarius* L. Strandroggen	SCH 1860. 1911 ff !!	SCH 1860. 1930 ff !!	PETERS 1825. 1911 ff !!	Hooger Fähre, KN 1895		No u. So 1925 !!
250 p	*Phragmites communis* TRIN. Reet	R 1890	SCH 1860	PETERS 1825	KN 1895	KN 1895	Ho, KN 1895, SP 1956 So 1925 !! In allen Fäthings !!
	v. *typica* BECK f. *genuina* A. u. G.	Meist so 1952 !!	Nur so !! Meist so 1930 ff !!	DNC 1925. 1911 ff !!	1955 !!	1958 !!	
	f. *stolonifera* MEY.	PJ 1913 b. 1952 !!	Mehrf. PJ 1913 b. 1954 !!	Mehrf. PJ 1911. 1951 !!			

256 p	*Nardus stricta* L. Borstengras	SCH 1860. Hfg. 1952 !!	SCH 1860. Hfg. 1930 ff !!	SCH 1860. Hfg. 1911 ff !!			
257 p	*Pholiurus incurvus* (L.) SCH. u. TH. Dünnschwanz	MAUCH n. KN 1890		KN 1895			G, RU 1955. Ho u. G !!
	v. *subcurvatus* (DUM.) LGE.	SPICKER n. LANGE 1886 Tinnum 1937 !!	N n. HORN 1821	BU n. PRAHL 1890. Mehrf. 1951 !!			Ho 1939 !! L 1940
	v. *strictus* BUCK.		N n. PRAHL 1890	Oldsum 1951 !!			
	f. *gracilis* A. u. G.	Keitum 1952 !!					
258 d	*Aira caryophyllea* L. Gem. Nelkenhafer	BU 1887	SCH 1860	SCH 1860. SP 1957			
	v. *genuina* A. u. G.		So meist 1954 !!	DNC 1925. K 1951	1955 !!		
	f. *typica* A. u. G.	Mehrf. 1952 !!		Wrixum 1951 !!. Im Norden 1960 !!	Deich 1955 !!		
	f. *plesiantha* A. u. G.			Wrixum 1951 !!			
	v. *multiculmis* (DUM.) A. u. G.	Mehrf. 1952 u. 1953 !!	Mehrf. 1954 u. 58 !!	Flugplatz 1951 !!			
259 d	*Aira praecox* L. Früher Nelkenhafer	EBNER 1879. Oft 1952 !!	SCH 1860. Oft 1930 ff !!	SCH 1860. Oft 1951—1960 !!			
261 p	*Deschampsia caespitosa* (L.) P. B. Rasenschmiele	SCH 1860. N. s. 1952 !!		Mehrf. PJ 1911		L 1938	
	v. *genuina* (RCHB.) ROUY	N. s. 1952 !!	Slt. 1954 !!	Slt. DNC 1925	Slt. 1955 !!		
264 p	*D. flexuosa* (L.) TRIN. Geschlängelte Schmiele	EBNER 1879	BU 1887	KN 1895			
	f. *typica* BECK	Gem. 1937 ff !!	Gem. 1930 ff !!	Hfg. DNC 1925. 1960 !!			
265 d	*D. setacea* (HUDS.) RICHTER Zweifarbige Schmiele	Mehrf. PJ 1913, 1953 !!	J. SCHMIDT 1906 n. PJ 1911. 1930 !!	PJ 1911. Im Westen 1950 !!			
266 d	*Holcus lanatus* L. Wolliges Honiggras	SCH 1860. Hfg. 1937 ff !!	R 1890. Hfg. 1930 ff !!	SCH 1860. Hfg. 1911 ff !!	KN 1895. Hfg. 1955 !!	KN 1895. H 1955 1958 !!	L 1960 !!
	f. *coloratus* RCHB.	So in der Regel 1952 !!	Hfg. 1930 ff !!	1911 ff !!			
	f. *albovirens* RCHB.	PJ 1930. Mehrf. 1952 !!	Nebel, LDW 1956	SCH 1860			

	Artnamen	Sylt	Amrum	Föhr	Pellworm	Nordstrand	Halligen
267 dp	*H. mollis* L. Weiches Honiggras	R 1890. Hfg. 1952 !!	R 1890. Hfg. 1930 ff !!	R 1890. N. s. 1952—1960 !!			
268	*Arrhenatherum elatius* (L.) M. u. K. Hoher Hafer		BU 1887. Angebaut Norddorf 1958 !!	BU n. KN 1895. SP 1957	1955 !!	P 1924. L 1938	
	v. *vulgare* FRIES	PJ 1913. 1952 !!	Norddorf 1958 !!	DNC 1925. K u. !! 1951. 1960 !!			
	v. *biaristatum* PETERMANN	Keitum, PJ 1913					
271	*Trisetum flavescens* (L.) P. B. Goldhafer ssp. *pratensis* (PERS.) A. u. G.		Am Leuchtturm 1958 !!	Toftum, PJ 1911. DNC 1925 Wyk 1960 !!			
	v. *villosum* (CEL.) FIEK				Hfg. 1955 !!		
	v. *glabratum* ASCHERS.				Mehrf. 1955 !!		
	f. *lutescens* (RCHB.) ASCHERS.				Mehrf. 1955 !!		
275	*Avena fatua* L. Flughafer	Keitum, PJ 1913. 1952 !!	Nebel, PJ 1913				
276	*A. strigosa* SCHREB. Sandhafer			Wyk, SP 1957 ! Boldixum 1960 !!	Rübenacker 1956 !!		
277	A. sativa L. f. *aristata* KR. Hafer			Im Westen, DNC 1925			
—	*A. barbata* BROT. Barthafer			Wyk, BRANDES n. DNC 1925			
281 d	*Helictotrichon pubescens* (HUDS.) PILGER Flaumhafer	SCH 1860					
	v. *typicum* (F. u. P.) J. u. W.	Morsum 1952 !!					
285 p	*H. pratense* (L.) PILGER Wiesenhafer	List, SCH 1860. Mehrf. 1952 !!	N 1825 Hb Kiel ! Mehrf. 1930 ff !!	PJ 1911. 1952 !! SP 1957 Witsum 1960 !!			

289 d	*Corynephorus canescens* (L.) P. B. Keulenschmiele	SCH 1860	SCH 1860	SCH 1860. 1960 !!			
	v. *typicus* A. u. G. f. *flavescens* KLINGGR.	Hfg. 1952 !!	Hfg. 1930 ff !! Mehrf. 1958 !!	Hfg. K u. !! 1951			
	v. *maritimus* GODR.	PJ 1913 b	PJ 1913 b. Oft 1958 !!	PJ 1911. K 1951			
290 dp	*Sieglingia decumbens* (L.) BERNH. Dreizahn	SCH 1860. Öfters 1952 !!	SCH 1860. Slt. 1930—58 !!	SCH 1860. N. s. 1911 ff !!			
293a ?	*Koeleria albescens* DC. Fackelgras	Kampen, O u. L 1950	HERMANN 1956	H. J. D. JESSEN um 1890 Hb Kiel !			
296 p	*Agrostis alba* L. Weißes Straußgras	SCH 1860	BU 1887	SCH 1860.		L 1938	
	v. *prorepens* KOCH	Hfg. !!	PJ 1913 b	PJ 1913 b. K 1951. 1960 !!			
	v. *genuina* (SCHUR) A. u. G.	Hfg. !!	Hfg. 1954 !!				
	v. *maritima* (LAM.) MEY.	SCH 1860. Hfg. 1952 ff !!	SCH 1860. Hfg. 1958 !!	SCH 1860 K 1952. 1960 !!	1955 !!	1958 !!	Alle Halligen !!
	v. *coarctata* BLYTT			PJ 1913 b			
	v. *gigantea* (GAUD.) MEY.	Rantum-Becken 1952 !!	Norddorf 1954 !!	PJ 1911. Alkersum 1951 !! Wyk 1960 !!	Siel 1956 !!		
298 p	*A. vulgaris* WITH. Gem. Straußgras	SCH 1860	BU 1887	SCH 1860		L 1938	
	v. *genuina* SCHUR	N. s. 1952 !!	Vielf. 1954 !!	DNC 1925. K 1951. 1960 !!	Slt. 1956 !!		
299 dp	*A. canina* L. Hundsstraußgras	KN 1890	KN 1895	Kertelheim n. PJ 1913 b. K 1951			
	v. genuina GR. u. GO.	N. s. !!		N. s. 1960 !!			
	v. *arida* SCHL.	1952 !!	Hfg. PJ 1913, 1954 !!	N. s. 1951 !!			
	v. *stolonifera* BLYTT	Wenningstedt 1953 !!	Nebel, LDW 1956				
	v. *mutica* GAUD.	Kampen u. Hörnum 1953 !!	Nebel, LDW 1956				
	v. *pudica* DÖLL		KN 1895. Nach PJ 1913 b unsicher				
	v. *vinealis* A. u. G.	Morsumheide, PJ 1913					

	Artnamen	Sylt	Amrum	Föhr	Pellworm	Nordstrand	Halligen
303	*Apera spica-venti* (L.) P. B. Windhalm	SCH 1860. Slt. !!	Norddorf 1954 !!	N 1825 n. DNC 1925. K u. !! 1951. 1960 !!			Ho 1925 !!
306 p	*Calamagrostis lanceolata* ROTH Wiesen-Reitgras	Kampen, ALPERS n. PJ 1913 b	PJ 1913			P 1924	
	v. *typica* BECK	Mehrf. 1952 !!	Mehrf. 1930 !!	Mehrf. 1951 !!			Ho 1949 !!
308 p	*C. epigeios* (L.) ROTH Sandreitgras	SCH 1860. Kampen, LDW 1953	KN 1895	KN 1895. Mehrf. K 1952			
	v. *genuina* P. J.		Mehrf. 1954 !!				
313 p	*Ammophila arenaria* (L.) LK. Strandhafer, Helm	CAMERER 1762. Gem. !!	SCH 1860. Gem. !!	PETERS 1825. Hfg. 1911 ff !!			No, KN 1895. !!
—	*A. baltica* LK.	A. CHR. 1913. Hfg. 1952 !!	FB 1876. S. hfg. 1954 !!	FB 1876. Hfg. 1951 !!			
	f. *subarenaria* MARSS.	Hfg. 1952 !!	Hfg. 1954 !!	1951 !!			
	f. *intermedia* WESTERG.	Hfg. 1952 !!	N. s. 1954 !!	N. s. 1951 !!			
	f. *epigeioidea* WESTERG.	N. s. 1952 !!	Hfg. 1954 !!	N. s. 1951 !!			
314 dp	*Phleum pratense* L. Lieschgras	KN 1890. Slt. 1952 !!	BU 1876	KN 1895. SP 1957	KN 1895	KN 1895. L 1938	Ho 1925 !!
	v. *typicum* BECK	PJ 1913. Mehrf. 1952 !!	Mehrf. 1954 !!	K 1951. 1960 !!	1955 !!	1958 !!	
	v. *nodosum* (L.) RICHTER	KN 1890. Mehrf. 1952 !!	PJ 1913. N. s. 1954 !!	BU 1887. K 1951		1958 !!	
	f. *lasiusculum* A.u. G.	PJ 1913. Mehrf. 1952 !!	Nebel, LDW 1956	DNC 1925. Wyk 1951 !!			
	f. *abbreviatum* BOISS.	PJ 1913. Mehrf. 1952 !!		PJ 1913			
318 d	*Phleum arenarium* L. Sand-Lieschgras			SCH 1860. ARFSTEN n. FB 1876			
321	*Alopecurus myosuroides* HUDS. Acker-Fuchsschwanz		Wittdün, KUCKUCK u. POLGER 1906 n. PJ 1913 b. Nebel. LDW 1956	ARFSTEN n. FB 1876. BRANDES nach DNC 1925	Gr. Norderkoog 1955 !!	Morsumkoog, L 1938, 1958 !!	Ho 1951 !!
322	*A. pratensis* L. Wiesen-Fuchsschwanz	Mehrf. PJ 1913, 1952 !!	Norddorf 1954 u. 58 !!	PJ 1913 b. Hfg. !!	1955 !!	H 1955	

324 p	*A. geniculatus* L. Knickfuchsschwanz	KN 1890. Hfg. !!	BU 1887. N. s. 1930 ff !!	BU 1887. Vielf. 1911 ff !!	KN 1895. 1955 !!	KN 1895. H 1955	Ho 1925 u. 1960 !!
	f. *microstachyus* UECHTR.	Zw. Keitum u. Archsum, PJ 1913					
	f. *violaceus* D. N. C.		Norddorf 1954 !!				
	v. *natans* WHLB.			Süderende, DNC 1925			
	v. *radicans* V. D. BOSCH			Süderende, DNC 1925. Wyk 1951 !!			
325 d	*A. aequalis* SOBOL. Rostgelber Fuchsschwanz				Am Wege zum Bupheverkoog 1955 !!		
340	*Milium effusum* L. Flattergras	SCH 1860. ?		SCH 1860. ?			
342 p	*Hierochloa odorata* (L.) P. B. Marienglas			Mehrf. K 1952			
344 p	*Anthoxanthum odoratum* L. Ruchgras	SCH 1860. S. h. !!	BU 1887	SCH 1860	Mehrf. 1955 !!	P 1924. 1958 !!	L, SP 1957
	sv. *villosum* LOISEL	KN 1890. Mehrfach PJ 1913	Norddorf, PJ 1913	KN 1895. K 1951. 1960 !!			L 1960 !!
	sv. *strictum* A. u. G.	Morsum, PJ 1913		Im Westen, DNC 1925			
	v. *glabrescens* CEL.		Mehrf. 1958 !!				
	sv. *longiaristatum* CEL.	PJ 1913	PJ 1913	BRANDES n. DNC 1928			
	sv. *umbrosum* BOLLE				Gr. Norderkoog 1955 !!		
	sv. *vulgatum* A. u. G.		Mehrf. 1954 !!				
345	*A. aristatum* BOISS. Begranntes Ruchgras	A. CHR. 1913	v. Seemen 1899	Utersum, TIMM n. DNC 1925			Ho 1925 !!
346 p	*Phalaris arundinacea* L. Glanzgras	Mehrf. 1952 !!		SCH 1860. K 1951. 1960 !!		P 1924 L 1938	
347	*Ph. canariensis* L. Kanariengras	Westerland, VOGELER n. DNC 1925		Sanatorium, BRANDES n. DNC 1928			

	Artnamen	Sylt	Amrum	Föhr	Pellworm	Nordstrand	Halligen
350	*Digitaria ischaemum* (SCHREB.) MÜHLENB. Fadenhirse			Nieblum, SCH 1860			
352	*Echinochloa crus-gallii* (L.) P. B. Hühnerhirse		Nebel, LDW 1956	Nieblum, PJ 1911			
353	*Setaria glauca* (POIR.) P. B. Gelbhaarige Hirse						G, RU 1955
356	*S. viridis* (L.) P. B. Grüne Hirse		JESSEN n. SEEMEN 1899. Nebel 1954 !!	SCH 1860. Süd-strand, K 1951			
—	*Spartina townsendii* GROV. Schlickgras	Nösseschleuse, K. SEIDEL 1952, 1953 !!	Norddorf, WÖBBE 1953, 1954 !! Wittdün 1954 !!		1955 !!	1958 !!	G, RU 1955. L, SP 1959, 1960 !!, O 1960 !!
367	*Eriophorum vaginatum* L. Scheidiges Wollgras	SCH 1860. Wohl Irrtum					
369 p	*E. angustifolium* HONCK. Schmalblättriges Wollgras	R 1890	SCH 1860	PETERS 1825			
	v. *vulgare* KOCH	Hfg. !!	Hfg. !!	Namentl. im Westen hfg. !!			
371	*E. latifolium* HOPPE Breitblättriges Wollgras		Alte Vogelkoje, HELM br. 1930. Irrtum	SCH 1860. ARFSTEN n. FB 1876. Irrtum			
373 p	*Scirpus caespitosus* L. Rasige Simse	SCH 1860. Morsum, O 1946. Kampen, LDW 1953	R 1890	SCH 1860. Mehrf. DNC 1925			
	v. *germanicus* (PALLA) BROOD.	PJ 1913	Norddorf, PJ 1913. Mehrf. 1954 !!				
375 p	*Sc. lacustris* L. Seesimse, Flechtbinse	HANSEN n. KN 1890. Mehrf. 1952 !!		SCH 1860 Mehrf. K 1952 u. !!	BALZER br.		

376 p	*Sc. tabernaemontani* GMEL. Rauhe Simse	SCH 1860. Mehrf. 1952 !!	BU 1887. Westl. Satteldüne 1954 !!	SCH 1860. Mehrf. K u. !! 1951	1956 !!		
	f. *capitatus* HAUSSKN.	Mehrf. PJ 1913		PJ 1911			
	f. *monostachys* D. N. C.			Im Westen, DNC 1925. Südstrand 1951 !!			
—	*Sc. lacustris* x *tabernaemontani*	Nössekoog 1952 !!					
380 p	*Sc. maritimus* L. Strandsimse	SCH 1860	BU 1887	SCH 1860	KN 1895	L 1938	KN 1895. L, H 1959
	ssp. *typicus* (A. u. G.) HERM.	S. h. 1952 !!	S. h. 1954 !!	DNC 1925. K 1951. 1960 !!	Hfg. 1955 !!	1958 !!	Ho 1949 !! No !!
	v. *compactus* HOFFM.	KN 1895. DNC 1928	KN 1895. 1954 !!	KN 1890. DNC 1925			Ho 1949 !!
	f. *monostachys* MEY.		ROHWEDER 1909 !	DNC 1925. K u. !! 1951		1958 !!	
	ssp. *macrostachys* (WILLD.) HERM.	PJ 1913		DNC 1925. K 1951			
383 p	*Sc. triqueter* L. Dreikantige Simse		Ostküste, ROHWEDER 1935 !				
385 p	*Sc. distichus* PETERM. Flache Simse	Rantum u. Hörnum, RU 1955					
386 p	*Sc. rufus* (HUDS.) SCHRAD. Rote Simse	N 1825 Hb Kiel! Mehrf. 1952 !!	SCH 1860. Steenodde 1930 !! Norddorf 1954 !!	KN 1888, PJ 1911, K 1951			
387 p	*Sc. fluitans* L. Flutende Simse	SCH n. PJ 1908	N 1825 Hb. Kiel ! Alte Vogelkoje 1930 !!	SCH 1860. Im Westen, DNC 1925, 1960 !!			
	f. *terrester* G. F. W. MEY.		Vogelkoje 1958 !!				
388 p	*Sc. setaceus* L. Borstensimse	Vogelkoje List, N 1825 Hb Kiel!		Mehrf. K 1951			

	Artnamen	Sylt	Amrum	Föhr	Pellworm	Nordstrand	Halligen
389 d	*Eleocharis palustris* (L.) R. BR. Sumpfsimse		JESSEN n. SEEMEN 1899	Oft PJ 1911		Tremler Marsch, L 1938	
	ssp. *eu-palustris* (LDB.) BEAUV.	KN 1895. Mehrf. 1951 !!	Hfg. 1930—58 !!	KN 1895. Hfg. K 1951. 1960 !!			
	v. *typicus* A. u. G.		Hfg. 1954 !!				
	v. *salinus* SCHUR	Hörnum, PJ 1913	Wittdün, PJ 1913				
390 p	ssp. *uniglumis* LK.	Hörnum, EBNER 1879. Mehrf. 1951 !!	Hfg. 1958 !!	BU 1887. K 1951. !!	Waldhuse-ner Tief 1955 !!		
393 p	*E. multicaulis* SM. Vielstengelige Simse	List, R 1890. Hörnum 1953 !!	R 1890. Mehrf. 1954 !!	Flugplatz 1951 !! Alkersum. K 1951			
394 p	*E. pauciflora* (LIGHT.) LK. Armblütige Simse	BU 1887. Mehrf. 1953 !!	BU 1887. Mehrf. 1954 !!	Im Westen, PJ 1911			
	f. *minor* MÖSSLER	Mehrf. PJ 1913	Mehrf. PJ 1913	Flugplatz 1951 !!			
396 p	*E. acicularis* (L.) R. BR. Nadelsimse	Kampen, VOGELER n. DNC 1928 Hörnum 1953 !!	Sdl. Leuchtturm. J. EGGERS 1959				
	f. *longicaulis* DESM.	Hörnum 1956 !!					
401 p	*Rhynchospora alba* (L.) VAHL Weiße Schnabelsimse		Norddorf 1958 !!				
402 p	*Rh. fusca* (L.) AIT. Braune Schnabelsimse	HANSEN n. KN 1887?	R 1890. Norddorf 1958 !!				
407 p	*Carex pulicaris* L. Flohsegge	Morsum, PJ 1913		SCH 1860. K 1952			
410 p	*C. dioica* L. Sondersegge	Morsum, PJ 1913					
	f. *metteniana* LEHM.	Morsum, PJ 1913					
414 p	*C. paniculata* L. Rispige Segge			Wrixum, K 1952			

416 p	*C. muricata* L. Dichtährige Segge ssp. *macrocarpa* NEUM.	SCH 1860. PJ 1913 Mehrf. 1952 !!	Norddorf, PJ 1913 Norddorf 1958 !!	N n. PJ 1908 Mehrf. 1951 !! SP 1957	Mehrf. 1956 !!	P 1924. L 1938 Pohns- halligkoog 1958 !!
417	*C. virens* LAM. Grüne Segge	BU 1887. Irrtum?				
419	*C. vulpina* L.*) Fuchssegge	Rantum, OSTERMEYER 1906		SCH 1860. PJ 1911	H 1959	L 1939. H 1955
— ?	*C. otrubae* PODP.			Oft 1951 ff !!	Oft 1956 !!	Mehrf. 1958 !!
425 p	*C. disticha* HUDS. Zweizeilige Segge			PJ 1913. Zw. Wyk u. d. Boldixumer Vogelkoje, K u. !! 1951		
428 p	*C. arenaria* L. Sandsegge v. *typica* A. u. G. v. *remota* MARSS.	SCH 1860 Gem. 1952 !! KN 1895. N. s. 1952 !!	SCH 1860 Gem. 1930—58 !! KN 1895. N. s. 1954 !!	SCH 1860 Gem. 1911—60 !!		
435 p	*C. canescens* L. Graue Segge	PJ 1913. Mehrf. 1952 !!	N 1825 Hb Kiel ! Mehrf. 1930—58 !!	KN 1895. Mehrf. !! SP 1957		
439 p	*C. stellulata* GOOD. Igelsegge	R 1890. Mehrf. 1936 !!	N 1825 Hb Kiel ! Hfg. 1930—58 !!	SCH 1860. Mehrf. K 1952		
442 p	*C. leporina* L. Hasensegge f. *robusta* TIEK	KN 1895. Hfg. 1952 !! HANSEN **1827** Hb Kiel n. PJ 1906	R 1890. Zerstr. 1930 !!	KN 1895. Zerstr. K 1951. 1960 !!		
444 ?	*C. trinervis* DEGL. Dreinervige Segge	MÜLLER 1853. Klappholttal, VOGELER n. DNC 1928 BORNMÜLLER 1934 !	Südl. Gr. Leucht- turm 1930 !!			

*) Alle Angaben über *C. vulpina* L. dürften sich auf *C. otrubae* PODP. beziehen.

	Artnamen	Sylt	Amrum	Föhr	Pellworm	Nordstrand	Halligen
445 p	*C. vulgaris Fries* Gemeine Segge	BU 1887	KN 1895	DNC 1925. Oft K u. !! 1951			
	v. curvata (FLEISCHER) A. u. G.	Mehrf. 1952 !!	Mehrf. 1954 !!	Wyk, PJ 1911			
	f. *melaena* (WIMM.) ASCH.		Mehrf. 1958 !!	Mehrf. DNC 1928. K 1951			
	v. *elatior* (Lge.) A. u. G.		Mehrf. PJ 1913				
	sv. *recta* FLEISCHER			Mehrf. PJ 1911			
	v. *juncea* A. u. G.	Mummark 1952 !!	Ndl. Quermar-kenfeuer 1954 !! Nebel, LDW 1956				
	f. *salinoides* KÜK.	Hörnum, PJ 1913	Mehrf. PJ 1913. 1954 !!				
	f. *juncella* ASCHERS.	Hörnum, PJ 1913					
446 p	C. *gracilis* CURT. Zierliche Segge	O 1937. 1953 !!	Südl. Quermar-kenfeuer, PJ 1913. 1954 !!	Mehrf. PJ 1911. K 1951			
	f. *tricostata* (FR.) A. u. G.			Boldixum 1951 !!			
460 p	C. *ericetorum* POLL. Heidesegge	N 1825 Hb Kiel !					
461 d	C. *pilulifera* L. Pillensegge	N 1825 Hb Kiel ! SCH 1860. Öfters 1952 !!	BU 1887. Öfters 1954 !!	KN 1895. K u. !! 1952			
465 p	C. *flacca* SCHREB. Blaugrüne Segge	KN 1895. Mehrf. PJ 1913. O 1951	Mehrf. PJ 1913	Mehrf. PJ 1911. K 1951			
	f. typica A. u. G.		Norddorf 1930 !!				
	f. *arenaria* SCHUR		Norddorf, PJ 1913				
	f. *melanostachya* (UECHTR.) A. u. G.			Im Westen, K 1951			
475	C. *limosa* L.*)	A. CHRI. 1913					
477 p	C. *panicea* L. Hirsesegge	SCH 1860. Mehrf. 1936 ff !!	BU 1887. Öfters 1958 !!	SCH 1860. Öfters K u. !! 1951			
496 p	C. *distans* L. Salzsegge	N 1825 Hb Kiel ! Öfters 1952 !!	N 1825, Hb Kiel ! Mehrf. 1958 !!	Mehrf. PJ 1911. K u. !! 1951			Ho 1925 !!
497	C. *binervis* SM. Zweinervige Segge	List, KN 1888. Irrtum	N n. KN 1888. Irrtum				

*) PJ 1908 „selten auf den nordfr. Inseln“. Irrtum.

498 p	*C. hostiana* DC. Rotbraune Segge	Morsumheide, PJ 1913	G. HERMANN 1939 Hb. Kiel!			
499 p	*C. extensa* GOOD. Strandsegge		Westl. Wittdün RA mündl. 1959			
500 p	*C. flava* L. Bleiche Segge	EBNER 1879		SCH 1860		
	ssp. *pulchella* LOENNR.			Utersum 1960 !!		
	v. *capitulata* WIINST.	Mehrf. 1952 !!	Mehrf. 1954 !!			
	ssp. *serotina* MERAT	N 1825 Hb Kiel ! als *C. Oederi*				
	f. *cyperoides* MARSS.	KN 1895	BU 1887. 1954 !!	KN 1895. K 1952		
	sf. *pygmaea* AND.	DNC 1928		DNC 1925. K 1951		
	ssp. *vulgaris* DÖLL			DNC 1925		
505 p	*C. pseudocyperus* LAM. Zyperartige Segge			SCH 1860. Mehrf. K u. !! 1951		
506 p	*C. inflata* HUDS. Flaschensegge			Mehrf. K u. !! 1951		
	f. *elatior* BENN.			Mehrf. PJ 1911		
510 p	*C. riparia* CURT. Ufersegge			N n. PJ 1908 Mehrf. K u. !! 1951. SP 1957. 1960 !!		
	v. *aristata* A. u. G.			Oevenum, DNC 1928		
513 p	*C. hirta* L. Rauhe Segge	Morsum, JAAP 1898 Archsum, PJ 1913		Lembeksburg, SP 1957 !		H 1955
—	*C. stricta* x *vulgaris*		Quermarken- feuer, PJ 1913			
515	*Acorus calamus* L. Kalmus				Junkers Mittel- deich 1956 !!	
516	*Calla palustris* L. Kalla			SCH 1860: „F ?“		
518 p	*Lemna polyrrhiza* L. Vielwurzlige Wasserlinse	Vogelkoje, O 1950		Verbr., PJ 1911, 1951—1960 !!	Öfters 1955 !!	

	Artnamen	Sylt	Amrum	Föhr	Pellworm	Nordstrand	Halligen
519 p	*L. trisulca* L. Dreifurchige Wasserlinse	KN 1895		PETERS 1825. SP 1957	KN 1895. 1956 !!	KN 1895. H 1955	
520 p	*L. minor* L. Kleine Wasserlinse	SCH 1860. Oft !!	Ehemal. Vogel- koje, HELM 1926. Oft 1955 !!	SCH 1860. Oft !!	KN 1895. Oft 1953 !!	L 1938. 1958 !!	Ho, Leege 1910, 1939 !!
521 p	*L. gibba* L. Buckelige Wasserlinse	Morsum, KN 1895. List, SP 1949. Rantum-Becken 1953 !!		SCH 1860. Oldsum, SP 1957 Boldixum 1960 !!	1955 !!	H 1955. 1958 !!	Ho, LEEGE 1910. SP 1956
523 p	*Juncus bufonius* L. Krötenlinse	Tinnum, R 1890	R 1890	KN 1895. SP 1957		L 1938	
	spp. *eu-bufonius* WI. CHRI.	N. s. !!	Mehrf. !!	Oft !!	Mehrf. 1956 !!		
	v. *laxus* ČELAK.	KN 1895. Oft !!	KN 1895. Mehrf. 1954 !!	Hfg. KN 1895			
	sv. *typicus* A. u. G.	Wenningstedt 1953 !!			Kirchen- steig 1956 !!		Ho 1925 !!
	f. *grandiflorus* SCHULTES	Rantum-Becken 1952 !!					
	v. mutabilis (SAVI) A. u. G.	KN 1895. Mörderkuhle 1953 !!	Steenodde, KN 1895	Oldsum, DNC 1925			
524	ssp.*ranarius* S. u. P.	Nösse 1937 !! Kampen, LDW 1953	Mehrf. 1954 !!	Mehrf. 1951—1960 !!	Waldhuse- ner Tief 1955 !!	1958 !!	
526	*J. tenageia* EHRH. Sandbinse	List, VILANDT n. LANGE 1886. Irrtum					
527 ?	*J. compressus* JACQU. Flache Binse	SCH 1860. Mehrf. 1952 !!	SCH 1860	SCH 1860. K 1951	Gr. Nor- derkoog 1955 !!		
	v. *typicus* A. u. G.		Alte Vogelkoje 1930 !!		Siel 1956 !!		
528 p	*J. gerardi* LOIS. Bottenbinse	BU 1887	KN 1895	KN 1895	KN 1895	KN 1895	KN 1895
	v. *typicus* BUCH.	Gem. 1952 ff !!	Gem. 1954 ff !!	Gem. 1911 ff !!	Gem. 1955 !!	Gem. 1958 !!	Alle !!

	v. *chaucorum* A. u. G.	A. u. G. II 1904. Oft 1952 !!	PJ 1913. Oft 1930 ff !!	Öfters 1954 !!	Oft 1955 !!	Vorland Süderha- fen 1959 !!	Alle !!
	v. *elatior* (LGE.) A. u. G.	Mehrf. 1952 !!	Mehrf. 1954 !!	Mehrf. 1960 !!	Slt. 1956 !!	Pohns- halligkoog 1959 !!	O 1960 !! G, Ho, Lu !!
529 p	*J. squarrosus* L. Sperrige Binse	SCH 1860 Mehrf. 1952 !!	SCH 1860. Öfters 1930 ff !!	SCH 1860. K 1951			
530	*J. macer* GRAY Zarte Binse	1952 !!			Siel 1956 !!		
532 p	*J. glaucus* EHRH. Blaue Binse			ARFSTEN n. KN 1895 Oldsum, K 1951			
535 p	*J. filiformis* L. Fadenbinse	SCH 1860. Öfters 1952 !!	SCH 1860. Hfg. 1930—58 !!	SCH 1860. K 1952. Utersum 1960 !!			
536 p	*J. conglomeratus* L. Knäuelbinse	SCH 1860	SCH 1860	PETERS 1825. SP 1957			
	v. *typicus* A. u. G.	Mehrf. 1925 !!	Hfg. 1930—58 !!	Hfg. 1951 !!			
	v. *laxus* (BECK) A. u. G.		Norddorf 1958 !!				
	v. *subuliflorus* (DREJ.) A. u. G.	Westerland, DNC 1928					
537 p	*J. effusus* L. Flatterbinse	SCH 1860. Mehrf. 1952 !!	N. s. 1930—58 !!	SCH 1960. Oft !! SP 1957	Mehrf. 1956 !!	Pohns- halligkoog 1959 !!	
539 ?	*J. capitatus* WEIG. Kopfbinse v. *physcomitrioides* BAEN.	List, POULSEN n. SCH 1860. 1934 !!					
544 p	*J. maritimus* LAM. Strandbinse		Strandtümpel vor Satteldüne 1954 !!, 1959 RA	SCH 1860: „F ?“			
547 p	*J. anceps De Laharpe* Zweischneidige Binse f. *sparsiflorus* LGE. f. *congestus* LGE.	VAUPELL n. KN 1885. 1926 !! Morsumheide, PJ 1913 Morsumheide, PJ 1913	SCH 1860. 1930—58 !!	Im Westen, PJ 1911, 1926—60 ! !			

	Artnamen	Sylt	Amrum	Föhr	Pellworm	Nordstrand	Halligen
548 p	*J. articulatus* L. Glanzbinse	SCH 1860	SCH 1860	SCH 1860		L 1938	
	ssp. *eu-lamprocarpus* A. u. G.			K 1951. Utersum 1960 !!			
	v. *typicus* A. u. G. f. *niger* A. u. G.	Öfters 1952 !!	Öfters 1954—58 !! Vogelkoje, PJ 1913				
	v. *stolonifer* (WOHLLEB.) A. u. G.	DNC 1928. Mehrf. 1952 !!	Mehrf. 1954 !!	Mehrf. K 1951			
	ssp. *littoralis* P., M. u. E.		Mehrf. 1954 !!				
	f. *viridiflorus* P. J.	Kladdigdäl, PJ 1913					
549 p	*J. acutiflorus* EHRH. Waldbinse	Mörderkuhle, 1952 !!	Frl. HERMANN 1938 ! Mehrf. 1954 !!				
551 p	*J. bulbosus* L. Niedrige Binse	N 1825 Hb Kiel !	SCH 1860	SCH 1860			
	ssp. *eu-supinus* A. u. G.			K 1951			
	v. *nodosus* LGE.	Mehrf. PJ 1913, 1953 !!	Mehrf. KN 1895, 1954 !!	SCH n. KN 1895, Süderende DNC 1928			
	v. *uliginosus* Fries	Braderup, DNC 1925	Vogelkoje, PJ 1913, 1954 !!	Im Westen, DNC 1928			
	v. *fluitans* (Lam.) Fries	List 1952 !!	Vogelkoje, PJ 1913, 1954 !!				
552 ?	*J.pygmaeus* RICH. Zwergbinse	N 1825 Hb Kiel ! Mehrf. 1939—53 !!	FB 1876. Östl. Leuchtturm, PJ 1913	Süderende, DNC 1925			
	f. *lacustris* LGE.	Klappholttal, PJ 1913					
	f. *umbelloides* HOLKEMA			Süderende, DNC 1925			
563 dp	*Luzula campestris* DC. Hasenbrot						
	ssp. *vulgaris* GAUD.	SCH 1860	KN 1895	SCH 1860. SP 1957			
	v. *genuina* ASCHERS.	Hfg. !!	Mehrf. 1930—58 !!	Utersum 1960 !!			
	v. *collina* (G. F. W. MEY.) BUCH.		Mehrf. 1954 !!				
	ssp. *multiflora* (RETZ.) LEJ.	SCH 1860. N. s. !!	R 1890, 1958 !!	SCH 1860, SP 1957			
	v. *congesta* (THUILL.) KOCH	R 1890	R 1890. 1954 !!	Laurentiuskirche, PJ 1911, K 1951			

567 p	*Narthecium ossifragum* (L.) HUDS. Beinheil f. *longefolium* SCHUM.	Morsum, KN 1895, 1952 !! Morsum, O 1938 !	Mehrf. BU 1887, 1954 !!	SCH 1860. Im Westen 1911—51 !!		
587	*Allium vineale* L. Weinberglauch	List, KN 1895 verwildert ?				
632 d	*Asparagus officinalis* L. Spargel			Strand b. Witsum, K u. !! 1951		
635 p	*Majanthemum bifolium* (L.) SM. Schattenblume	Lornsenhain, DNC 1928, 1952 !! Friesenhain, DNC 1928, Friedrichshain 1953 !! Vogelkoje u. Morsum, O	Leuchtturm 1954 !! Vogelkoje, WÖBBE 1955. Westl. Nebel 1958 !!			
638	*Polygonatum multiflorum* (L.) ALL. Vielblütige Maiblume	Vogelkoje, OSTERM. 1906, 1952 !!				
641 p	*Convallaria majalis* L. Maiglöckchen	Vogelkoje, O				
660 dp	*Iris pseudacorus* L. Schwertlilie		Westl. Wittdün, J. EGGERS 1959	SCH 1860. Alkersum, K 1951	H 1959	H 1959
683 ?	*Listera cordata* (L.) R. BR. Kleines Zweiblatt		Nahe Vogelkoje, v. BOCHMANN 1937, 1942 !!, 2. Fundort RA 1951, 3. Fundort WÖBBE 1957, 1958 !!			
687 d	*Goodyera repens* (L.) R. BR. Mooswurz		Kiefernforst w. Nebel, LORENZEN 1954 !			
705	*Orchis morio* L. Salep-Orchis	Wenningstedt, EBNER 1879. Irrtum ?		SCH 1860: „F ?“		
713	*O. masculus* L. Manns-Knabenkraut	FB n. KN 1888. Irrtum.		SCH 1860: „F ?“		

	Artnamen	Sylt	Amrum	Föhr	Pellworm	Nordstrand	Halligen
720 p	*O. maculatus* L. Geflecktes Knabenkraut ssp. *ericetorum* LINTON f. *typicus* RCHB.	SCH 1860. Morsum 1937—52 !! Morsum 1937 !!	Mehrf. HELM br. ?	KN 1885 Mehrf. K 1951. K 1952			
721 p	*O. latifolius* L. Breitblättriges Knabenkraut		Norddorf, WÖBBE u. TIMM 1954 !, WÖBBE 1958.	Mehrf. BREDE- MANN n. DNC 1928. Wrixum 1951 !! SP 1957			
728 d	*Hammarbya paludosa* KUNTZE Weichwurz	PRAHL 1872. Mehrf. PJ 1913. List, O	Slt. SCH 1860. 1930 !!	SCH 1860. Sehr slt. im Westen, PJ 1911			
729	*Liparis loeselii* (L.) RICH. Glanzwurz	List, HOLM n. LANGE 1888. ?					
735	*Populus alba* L. Silberpappel	Mehrf. KN 1890. !!	Mehrf. !!	Mehrf. !!		1958 !! Gepfl.	
736 d	*P. tremula* L. Zitterpappel	KN 1890. Oft !!	R 1890. Oft!!	KN 1895. K 1952		1958 !!	
739	*S. triandra* L. Mandelweide	Mörderkuhle, gepfl. ? 1952 !!		Alkersum, PJ 1911. DNC 1925		Vogelkoje gepfl. 1958 !!	
740	*S. alba* L. Silberweide	K 1890, gepfl.	KN 1895, gepfl.	KN 1895, gepfl.	Mehrf. 1955 !!	1958 !!	Ho, SP 1956
755 p	*S. cinerea* L. Grauweide	SCH 1860. Mehrf. 1952 !!	Vogelkoje 1930—58 !!	SCH 1860. K 1951		L 1924	
757 d	*S. caprea* L. Salweide	OSTERM. 1906. Mörderkuhle 1952 !!		Toftum, PJ 1911	BALZER br.		
760 dp	S. *aurita* L. Ohrenweide	BU n. KN 1890. Mehrf. 1952 !!	Mehrf. PJ 1913. 1930—58 !!	BU 1887. N. s. 1914 ff !!			
763 d	*S. repens* L. Kriechweide ssp. *eu-repens* SEEMEN ssp. *argentea* (SM.) NEUM.	KN 1890 OSTERM. 1906. Oft 1911—53 !!	KN 1895 PJ 1915. Mehrf. !!	KN 1895 K 1951 DNC 1925. Oft !!			

	f. *leiocarpa* KOCH ssp. *rosmarinifolia* (L.) W. u. G.	Kampen LDW. 1953 „Recht allgem." SCH 1860 Irrtum.	PJ 1915 „Recht allgem." SCH 1860 Irrtum.	PJ 1911 „Recht allgem." SCH 1860 Irrtum.			
—	*S. caprea* x *cinerea*	Morsumkliff, O 1946					
—	*S aurita* x *repens*		JESSEN n. SEEMEN 1899	Borgsumer Vogelkoje, PJ 1911			
778	*Betula verrucosa* EHRH. Warzenbirke	Lornsenhain, OSTERM. 1906. Vogelkoje 1952 !!	Vogelkoje 1954 !! Oft gepfl. 1958 !!	Moorgebiet Oevenum, K 1952			
779	*B. pubescens* EHRH. Moorbirke	KN 1890. Westerland 1952 !!	R 1890. Mehrf. gepfl. 1958 !!	Badestraße, SP 1957			
784	*Alnus glutinosa* (L.) GAERTN. Roterle	R 1890. 1952 !!	Gepfl. ? 1930—58 !!	KN 1895. K 1951	BALZER br. Mehrf. 1955 !!	Vogelkoje 1958 !!	
797 d	*Humulus lupulus* L. Hopfen	KN 1890. Mehrf. 1952 !!	Norddorf u. Nebel 1954 !!	PJ 1911. Mehrf. 1950 !!			
799 p	*Urtica dioica* L. Gr. Brennessel v. *typica* POSP.	R 1890 Mehrf. 1952 !!	R 1890 Mehrf. 1930—58 !!	PETERS 1825. SP 1957 Mehrf. 1955—1960 !!	KN 1895 Mehrf. 1955 !!	KN 1895. L 1939	 Ha 1930 !!, L 1930 !!, Nm 1956 !!
801	*U. urens* L. Kl. Brennessel	R 1890. Mehrf. 1955 !!	R 1890. Mehrf. 1958 !!	PETERS 1825 SP 1957, 1960!!	KN 1895. Mehrf. 1955 !!	KN 1895 Mehrf. 1958 !!	G 1960 !! Ho, SP 1956, 1960!!, L, SP 1956, 1960 !!, Nm 1956, O !!
818 p	*Rumex maritimus* L. Goldampfer f. *humilis* PETERM.	Braderup, VOGELER n. DNC 1928 Braderup 1953 !!	VOGELER 1933	SCH 1860. Mehrf. K 1951		H 1959 : ?	
824 p	*R. obtusifolius* L. Stumpfblättriger Ampfer	HANSEN u. KN 1890. LDW 1953	Norddorf, PJ 1913. 1958 !!	Verbr. PJ 1911. K 1951. 1960 !!		P 1924	

	Artnamen	Sylt	Amrum	Föhr	Pellworm	Nordstrand	Halligen
826 d	*R. conglomeratus* MURR. Knäuelampfer				Vogelkoje 1955 !!		
828 p	*R. crispus* L. Krauser Ampfer	SCH 1860	PJ 1913	SCH 1860. Öfters SP 1957	N. S. 1955 !!	L 1938. 1958 !!	G 1960 !!, Ho 1960 !!, L, SP 1957, No 1925 !!
	v. *unicallosus* PETERM.	Zw. Keitum u. Rantum 1952 !!	Öfters 1954 !!	1960 !!	Öfters 1956 !!	Öfters 1958 !!	Nm 1960 !!, O 1960 !!, No 1925 !!
	v. *trigranulatus* BOSW.	Mehrf. 1953 !!				Norderhafen 1960 !!	
830 p	*R. hydrolapathum* L. Flußampfer	Wenningstedt, OSTERM. 1906	JESSEN n. SEEMEN 1899	SCH 1860. SP 1957		L 1938	L, L 1934. Ho u. No 1925 !!
831 p	*R. acetosella* L. Kleiner Ampfer	SCH 1860	SCH 1860	SCH 1860. SP 1957	Buphe-verdeich 1955 !!	P 1924	
	f. *vulgaris* KOCH	Hfg. 1953 !!	Hfg. 1954 !!	Hfg. 1951 !!			
	f. *tenuifolius* WALLR.	S. hfg. 1953 !!	Hfg. 1954 !!	Wrixum 1951 !! Oft 1960 !!			
832 d	*R. acetosa* L. Sauerampfer	SCH 1860	SCH 1860	SCH 1860. SP 1957.	KN 1895	KN 1895	
	v. *pratense* WALLR.	Öfters !!	Öfters !!	Wyk 1960 !!	Mehrf. 1955 !!	Mehrf. 1958 !!	G 1960 !!, Ho 1949 !!
837	*R. domesticus* HARTM.*) Hausampfer	„Öfters", POULSEN n. SCH 1860. Irrtum.	R 1890. VOGELER n. DNC 1928. Irrtum.	KN 1895. Irrtum.			
842 p	*Polygonum aviculare* L. Vogelknöterich	SCH 1860	SCH 1860. 1930 ff !!	SCH 1860. SP 1957. 1960 !!	KN 1895. 1955 !!	KN 1895. 1958 !!	KN 1895 : Alle : !!
	P. aequale LINDM.	Wenningstedt 1953 !! det. SCHOLZ					
	ssp. *oedocarpum* LINDM.			Oldsum 1951 !! det. SCHOLZ			
	P. rectum (CHRTEK) SCHOLZ	Mehrf. 1953 !! det. SCHOLZ					
843 p	*P. raii* BAB. Sandknöterich ssp. *raii* SCHOLZ			Witsum 1960 !!			

*) KN 1895 schreibt: „Auf allen Inseln verbreitet." Diese Angabe dürfte sich auf *R. obtusifolius* beziehen, das KN nicht aufführt.

847 p	*P. amphibium* L. Wasserknöterich	SCH 1860. 1952 !!	BU 1887. 1958 !!	SCH 1860. Mehrf. 1960 !!	KN 1895		
848	*P. nodosum* PERS. Ampferknöterich	SCH 1860	R 1890	SCH 1860. DNC 1925	Hfg. 1956 !!	H 1955	G 1960 !!
	v. *eu-nodosum* A. u. G.	Keitum 1953 !!	LDW 1956				
	f. *lanceolatum* A. BR.	Kampen-Braderup, LDW 1953	Norddorf 1954 !!		1956 !!		
	v. *brittingeri* (Opiz) BECK	Kampen-Braderup, LDW 1953					
	v. *normale* SCHUSTER				1956 !!	1958 !!	
849	*P. tomentosam* SCHR. Rauher Knöterich	SCH 1860		Alkersum 1951 !! Im Westen, K 1951	1955 !!	1960 !!	
850	*P. persicaria* L. Flohknöterich	HANSEN n. KN 1890	Nebel, PJ 1913	Hfg. K 1951	Slt. 1956 !!	Pohns-halligkoog 1959 !!	
	v. *agreste* MEISN.		Norddorf 1958 !!				
	f. *subglabrum* ZAP.	Braderup 1953 !!					
	v. *ruderale* MEISN.	Westerland, PJ 1913					
	v. *biforme* FRIES			Im Westen, DNC 1925. Mehrf. 1960 !!			
851 d	*P. hydropiper* L. Wasserpfeffer	Mehrf. 1913		PETERS 1825. K 1951			
	v. *vulgare* MEISN.	Mörderkuhle 1953 !!					
852 p	*P. mite* (SCHRANK) Milder Knöterich	Mehrf. 1953 !!		Im Westen, DNC 1925. K 1952			
853 p	*P. minus* HUDS. Kleiner Knöterich	Morsum, JAAP n. PJ 1913. Westerland, PJ 1913		PJ 1911. DNC 1925			
854	*P. convolvulus* L. Windenknöterich	SCH 1860. Mehrf. 1952 !!	R 1890. Mehrf. 1930—58 !!	SCH 1860. Gemein K 1951. 1960 !!	KN 1895. Hfg. 1955 !!	Mehrf. 1958 !!	
	f. *pusillum* (OPIZ) BECK	Mehrf. 1952 !!		Unter Roggen 1951 !!			
865	*Chenopodium bonus-henricus* L. Guter Heinrich	SCH 1860. KN 1895		„Häufig" PETERS 1835. Nach DNC 1925 wohl Irrtum.	KN 1895		

	Artnamen	Sylt	Amrum	Föhr	Pellworm	Nordstrand	Halligen
869	*Ch. murale* L. Mauer-Gänsefuß			N 1825 n. KN 1895. Wyk 1950 !!		FB n. PRAHL 1890	
871	*Ch. album* L. Weißer Gänsefuß	SCH 1860	Hfg. 1930—58 !!	SCH 1860 SP 1957	BALZER 1951 br.	P 1924	Ha !!, Ho !!, Nm 1956 !! No, KÖNIG 1946
	ssp. *eu-album* LDW.		Mehrf. 1958 !!	Mehrfach 1960 !!			L 1960 !!, O 1960 !!
	ssp. *striatum* KRAS.	Tinnum, PJ 1913		1960 !!	1956 !!		
	ssp. *viride* L.	SCH 1860. LDW 1953	Norddorf 1958 !!	SCH 1860 PJ 1911	1956 !!	1958 !!	
	f. *integrum* BECK	Wenningstedt 1953 !!					
	ssp. *spicatum* KOCH	Hfg. 1953 !!	LDW 1953				
	v. *glomerulosum* PETERM.	Hfg. LDW 1953	LDW 1953		N. s. 1956 !!		
874	*Ch. serotinum* L. Spätblühender Gänsefuß	OSTERM. 1906. ?					
875	*Ch. glaucum* L. Grauer Gänsefuß	Wenningstedt, ALPERS n. KN 1895		SCH 1860. Mehrf. DNC 1925			Nm 1956 !!, Sf, N 1825 Hb Kiel !, So !!
876 p	*Ch. rubrum* L. Roter Gänsefuß	Morsum, O 1946. Nösseschleuse 1953 !! Rantum, SP 1956	Nebel, LDW 1956	SCH 1860. Königsgarten, BRANDES n. DNC 1928		L 1938	Ho 1925 !!, SP 1956
	v. *vulgare* WALLR.			K 1952	Hfg. 1956 !!		L, L 1934 !
— ?	*Ch. chenopodioides* (L.) AELLEN			AELLEN in HEGI 3. 2. S. 608			
881 p	*Obione portulacoides* MOQU. Strand-Keilmelde	KN 1895		SCH 1860	KN 1895	KN 1895	Alle, KN 1895, !!
	v. *borealis* (NEES) A. u. G.	N. s. 1937—53 !!	N 1825 Hb Kiel ! 1930—58 !!	N. s. 1911—60 !!		AHLEN- STIEL 1919 Hb Kiel !	Alle !!

882 d	*O. pedunculata* MOQU. Salz-Keilmelde	SCH 1860. Mehrf. 1952 !!	SCH 1860. PRAHL Hb Kiel ! Südl. Hospiz I, HELM br.	SCH 1860. Mehrf. 1926—51 !!	KN 1895	KN 1895	Alle Halligen !!
	f. *trilobum* BECK	Morsum 1953 !!					
885 d	*Atriplex littoralis* L. Strandmelde	SCH 1860	SCH 1860	SCH 1860. K 1951	KN 1895. Slt. 1956 !!	KN 1895. L 1938	Alle Halligen !! G, L, Nm u. L 1960 !! No, KÖNIG 1946. O 1960 !!
	f. *serrata* SMITH	N 1825 Hb Kiel ! Hfg. 1953 !!	Hfg. 1954 !!	Hfg. !!			
	f. *angustissima* MOQU.	Hfg. 1952 !!	Hfg. 1954 !!	Hfg. !!			
887 dp	*A. patula* L. Ausgebreitete Melde		JESSEN n. SEEMEN 1899	DNC 1925	Hfg. 1955 !!	N. s. 1958 !!	
	v. *angustifolia* (SM.) LGE			1950 ff !!		Norder- hafen 1958 !!	
	sv. *hastifolia* BECK	Mehrf. 1953 !!					
	sv. *lineare* (GAUD.) A. u. G.						
	f. *adpressa* MURR	Keitum 1953 !!		Öfters 1950 ff !!	Hfg. 1956 !!		
	v. *erecta* (HUDS.) LGE.	Vielf. 1953 !!					
	sv. *angustissima* (WALLR.) A. u. G.		Mehrf. 1930 !!	Mehrf. 1950 ff !!			
	v. *permixta* BECK						
	f. *liocarpa* GAUD.	Braderup 1953 !!					
888 d	*A. hastata* L. Spießmelde	SCH 1860	SCH 1860. 1954 !!	SCH 1860. 1960 !!	KN 1895. 1955 !!	KN 1895. 1958 !!	Alle, KN 1895, !!
	ssp. *macrotheca* RAFN	DNC 1928		DNC 1925		Norder- hafen 1958 !!	
	v. *genuina* BECK	Vielf. 1952 !!					
	v. *bollei* ASCHERS.			DNC 1925			
	ssp. *microtheca* SCHUM.	1953 !!		DNC 1925. 1950 !!			
	f. *salina* WALLR.	VOGELER n. DNC 1928. 1952 !!	Mehrf. LDW 1956	Borgsum, K 1951. Südstrand 1950 !! det. KLIMEK			

	Artnamen	Sylt	Amrum	Föhr	Pellworm	Nordstrand	Halligen
890 d	*A. glabriuscula* EDM. Babingtons Melde	Nösse-Schleuse 1953 !!	1954 !!	Witsum 1950 u. 1960 !!			
	v. *microtheca* MARSS.		PJ 1913				
	v. *macrotheca* MARSS.		PJ 1913				
893 d	*A. maritima* GRUFB. Gelappte Melde	SCH 1860. OSTERM. 1906	SCH 1860. J. SCHMIDT Ber. Bot. Ver. Hamburg 1908	Flora danica 1806 Tf. 1284 BARGUM 1813 Hb Kiel ! PJ 1911. Südstrand 1960 !!			
896 d	*Bassia hirsuta* (L.) ASCH. Staudich	HANSEN n. KN 1890. Keitum u. Nösse-Marsch 1937 !!	N 1826. Kniep- sand, PJ 1913. Hospiz I, HELM br.	N n. SCH 1860. Mehrf. 1912—60 !!	Waldhuse- ner Tief viel 1955 !!		N 1826
	v. *glabrecens* RCHB.	N n. KN 1890		Meist so. PJ 1911. 1951 !!			
904 dp	*Salicornia herbacea* L. Queller	SCH 1860	SCH 1860	PETERS 1825	KN 1895	KN 1895	Alle, KN 1895
	S. stricta MEYER	Oft 1952 !!	Oft 1954 !!	Oft 1911—60 !!	Oft 1956 !!	Oft 1958 !!	Oft !!
	S. brackystachya MEYER	Mehrf. 1952 !!	Norddorf u. a. 1930 !!	Mehrf. !!	Mehrf. 1956 !!	Mehrf. 1959 !!	Alle !!
906 p	*Suaeda maritima* (L.) DUM. Soda	SCH 1860. 1952 !!	SCH 1860. 1930—58 !!	SCH 1860. 1951—60 !!	KN 1895	KN 1895. 1960 !!	Alle, KN 1895 !!
	v. *prostrata* FOCKE			KN 1895. K 1952	1956 !!		
	f. *flexilis* FOCKE	KN 1895	KN 1895	KN 1895. DNC 1925	KN 1895. 1956 !!	KN 1895	KN 1895
908 p	*Salsola kali* L. Salzkraut	SCH 1860	SCH 1860. 1930 !!	PETERS 1825.		N 1825 Hb Kiel ! P 1924	G 1925 !!, L, L 1934, 1960 !! No 1925 !!, O, N 1825 !
	v. *polysarca* MEYER	KN 1895	KN 1895. Selten 1954 !!	KN 1895. 1960 !!			
	f. *hirsuta* HORN.			AHLENSTIEL 1904 Hb Kiel ! Südstrand 1950 !!			
	f. *glabra* DETH.	Morsum 1953 !!					
918 d	*Montia verna* NECK. Quellkraut	Sdl. Westerland 1936 !!		PJ 1913. Mehrf. 1951—1960 !!			

920	*Agrostemma githago* L. Kornrade	SCH 1860. Tinnum, PJ 1913	SCH 1860	PETERS 1825. Geest hfg. K 1951	
	f. *vulgare* A. u. G.		Norddorf 1954 !!	Alkersum 1951 !!	
923 d	*Silene inflata* (SAL.) SM. Taubenkropf	SCH 1860. SP 1949	SCH 1860. Steenodde, LDW 1956	SCH 1860	
	ssp. *vulgaris* GAUD.	N 1825 Hb Kiel !	Norddorf 1954 !!		
	f. *glabra* RCHB.	Braderup 1953 !!	Nebel 1930 ff !! Norddorf 1958 !!	KN 1890. Mehrf. 1919—1960 !! Wyk 1950 !!	
	f. *brachiata* (JORD.) GÜRKE				
926	*S. dichotoma* EHRH. Gabelästiges Leimkraut			ARFSTEN n. FB 1876	
937 d	*S. otites* (L.) WIBEL Ohrlöffel-Leimkraut	List, ÖDER in Flora danica 1770	Horn 1821	N 1825 n. DNC 1925. ARFSTEN n. FB 1876. Tof- tum, PHILIPP- SEN n. DNC 1825	
	ssp. *euotites* A. u. G. v. *genuina* ROHRB.		Mehrf. 1930—58 !!		
	f. *vulgaris* SCHUR und f. *umbellata* OTTH.	Kampen, N 1825 Hb Kiel ! Zw. Keitum u. Brade- rup mehrf. 1952 !!	WOLF 1950. 1952 !!		
939 d	*S. nutans* L. Nickendes Leimkraut	N n. PRAHL 1890. Kampen, Frau KOEHN, LDW u. !! 1953	Süddorf, HELM br.	PHILIPPSEN 1916 n. DNC 1925 Irrtum.	
943 d	*Lychnis flos-cuculi* L. Kuckucks-Lichtnelke	KN 1895. Rantum, SP 1959	SCH 1860	SCH 1860	
	f. *eglutinosa* HEGI	Morsum u. Keitum 1952 !!	Mehrf. 1930—58 !!	Hfg. K 1951. 1960 !!	
948	*Melandrium rubrum* (WEIGEL) GCK. Rote Lichtnelke	Vogelkoje, KN 1890	HELM br.	R 1890. Vogelkoje Alkersum 1919 !!	
949 d	*M. album* (MILL.) GCK. Weiße Lichtnelke	Vogelkoje, KN 1890. List, O 1947. Mehrf. 1952 !!	R 1890. N. s. 1930—58 !!	KN 1895. Mehrf. 1950—1960 !!	Vogelkoje, L 36

	Artnamen	Sylt	Amrum	Föhr	Pellworm	Nordstrand	Halligen
950	*M. noctiflorum* (L.) FRIES Nachtnelke	Wenningstedt, VOGELER n. DNC 1928					
959	*Vaccaria pyramidata* MED. Kuhkraut	ALPERS n. PJ 1917. ?		Wyk, BRANDES n. DNC 1928			
964 d	*Dianthus carthusianorum* L. Karthäusernelke	PAULSEN n. KN 1888	N 1825 Hb Kiel !	PHILIPPSEN 1910 Häberlin-Museum ! Oldsum, K 1951			
	v. *pratensis* NEILR.		Norddorf 1930—58 !!				
	f. *pallidus* KUNTZE		PIEPER in Allg. Bot. Ztschr. 1907. 1954—58 !!				
966 d	*D. deltoides* L. Sandnelke v. *glaucus* (L.) SER.		Dünen, L 1949 n. O Norddorf mehrfach 1958 !!				
977	*Saponaria officinalis* L. Seifenkraut	SCH 1860. Keitum 1952 !!	HELM br.	Mehrf. PJ 1911, 1960 !!	Junkers Mittel-deich 1956 !!		L u. Ho 1949 !!
982 dp	*Stellaria media* (L.) VILL. Vogelmiere	SCH 1860	SCH 1860	SCH 1860	SCH 1860	SCH 1860. L 1938	Ho, SCH 1860
	ssp. *oligandra* FENZL v. *genuina* ČELAK.		Vielf. 1954—58 !!	Oft 1950 !! DNC 1925	Oft 1956 !!	1958 !!	Ha, L u. O !! G, Nm u. Ho 1960 !!
	f. *triandra* (SCHUR) BAG.	Vielf. 1952 !!	Vielf. 1958 !!		Oft 1956 !!		
	f. *intermedia* GUSS.			Wyk 1960 !!			
	ssp. *apetala* (UCRIA) GAUD.	Keitum u. Tinnum, PJ 1913		PJ 1911			
	ssp. *neglecta* WEIHE		Steenodde u. Nebel, PJ 1915. Irrtum.	Vogelkoje, PJ 1911. ?			
	f. *ovalifolia* R. u. F.			Utersum, DNC 1925. Irrtum.			

984	*St. holostea* L. Sternmiere	M. KOOPMANN 1936. Morsum, WEIDEMANN br. 1954		Königsgarten, KN 1895			
986 d	*St. graminea* L. Grasmiere	SCH 1860	R 1890	SCH 1860	KN 1895. 1955 !!	KN 1895	L. L 1934. Ho, KN 1845, 1949 !!
	f. *grandiflora* PETERM.	Mehrf. 1952 !!	Slt. 1958 !!	1919—60 !! K 1952			
	f. *parviflora* LGE.	Wenningstedt 1953 !!	Mehrf. 1930 u. 58 !!	Wyk 1960 !!			
	f. *brevifolia* ROTH			Hedehusum 1951 !!			
987 d	*St. uliginosa* MURR. Sumpfmiere	Mehrf. VOGELER n. DNC 1928 Kampen 1953 !!		SCH 1860. 1951 !! u. K. 1960 !!			
	f. *arenaria* VOCKE	Munkmarsch 1952 !!					
988 p	*St. palustris* RETZ. Blaue Miere	SCH 1860		SCH 1860. Nieblum 1919 !!	Alte Kirche, L 1936		
	v. *laxmannii* (FISCH.) SIM.	Wenningstedt, ALPERS n. KN 1895		Nieblum, KN 1895. 1919—60 !!			
	f. *flaccida* (PETERM.) A. u. G.	OSTERM. 1906. Wenningstedt 1953 !!					
	v. *communis* FENZL						
	f. *parviflora* NOLTE			Im Westen, PJ 1911			
994 p	*Cerastium tetrandrum* CURT. Viermänniges Hornkraut	List, N 1825 Hb Kiel ! Mehrf. 1939—52 !!	N n. LANGE 1886. Westl. Leuchtturm 1930 u. 54 !! Wittdün, SP 1957	N n. SCH 1860. Hedehusum 1951 !! Oldsum, WÖBBE 1952			
996 p	*C. semidecandrum* L. Sand-Hornkraut	SCH 1860. Mehrf. 1952 !!	SCH 1860. N. s. 1930—58 !!	SCH 1860. Vielf. !!			
	f. *genuinum* R. u. F.			Mehrf. !!			
	f. *hybridum* GREN.	KN 1884 Hb Kiel !			Außen- deich Bup- heverkoog 1955 !!		

	Artnamen	Sylt	Amrum	Föhr	Pellworm	Nordstrand	Halligen
997 p	*C. pumilum* CURT. Kleines Hornkraut ssp. *pallens* (F. W. SCH.) SCH. u. K.		1942 !!?	Nieblum. KN 1895 Düne am Bruk 1919 !!			
998 p	*C. caespitosum* GILLIB. Rasiges Hornkraut v. *glandulosum* (BOENN.) WIRTGEN	N 1820 Hb Kiel !	SCH 1860. 1930—58 !! 1942 !! 1958 !!	SCH 1860. SP 1957	L 1936. 1955 !!	L 1938. 1958 !!	Alle, KN 1895
	v. *eu-caespitosum* A. u. G. f. *hirsutum* (FRIES) A. u. G.	Wenningstedt 1953 !!	Norddorf 1954 !!	Mehrf. !!		Norder-hafen 1958 !!	G, Ha, Ho, Nm, No !! Ho 1925 !!, L 1960 !!
1006	*C. arvense* L. Acker-Hornkraut	Morsum, KN 1895. Oft 1952 !!	Mehrf. PJ 1915. 1930—54 !!	Mehrf. PJ 1910			
	v. *angustifolium* FENZL f. *glabrescens* G. F. W. MEYER		1958 !!	Im Westen 1919 !!			
	v. *adenophorum* HAYEK			Mehrf. 1951 !!			
1011 d	*Sagina procumbens* L. Liegendes Mastkraut	SCH 1860. Gem. !!	N 1825 Hb Kiel ! Vielf. 1954—58 !!	SCH 1860. Oft !!	L 1936. Oft 1955 !!	L 1938	O !! L, L 1934
	f. *spinosa* GIBS.	N n. PRAHL 1890. Gem. !!					
	f. *gracilis* NOLTE	Mehrf. VOGELER n. DNC 1928					
	f. *corollina* FENZL	VOGELER Jb. Natw. Ver. Altona 1934					
	f. *crassifolia* NOLTE	N n. KN 1895					
	f. *praecox* BOENN.						Ho 1949 !!
	sf. *compacta* ANDR.		Oft 1958 !!				
	f. *apetala* FENZL			Alkersum 1914 !!			
1012 d	*S. maritima* DON. Strand-Mastkraut	N 1825 Hb Kiel ! Oft !!	SCH 1860. KN 1895	SCH 1860. Hfg. K 1951	L 1936. 1955 !!		G 1960 !!, Ho 1925 !!, L, L 1934, 1960 !!, O, H 1959, So 1926 !!
	v. *typica* A. u. G.	Keitum 1953 !!		1956 !!			
	v. *densa* (JORD.) ASCHERS.			PJ 1911			

1016 d	*S. subulata* (SW.) FENZL Pfriemen-Mastkraut	N 1825 Hb Kiel ! Puan Klent 1937 !! Westerland 1936 !! Hörnum u. List 1953 !!	N 1925 Hb Kiel ! Nebel 1930 !! Odde 1942 !!	SCH 1860. Oldsum u. Hede- husum, PJ 1911. Wyk 1951 !!			
1018 p	*S. nodosa* FENZL Knetiges Mastkraut	SCH 1860	SCH 1860. Vielf. 1930 ff !!	SCH 1860	Buphever- deich 1955 !!		L, L 1934. Ho 1925 !!
	f. *glandulosa* (BESS.) PRESL	Westerland, PJ 1913		Mehrf. PJ 1911. K 1951			
	f. *depressa* P. J.	Mehrf. DNC 1928					
	f. *moniliformis* MEYER	Mehrf. DNC 1928		Mehrf. PJ 1911. 1926 !!	Deich vor Norder- koog 1955 !!		
	sf. *ramosissima* GÜRKE	Westerland, DNC 1928. Ellenbogen 1953 !!		1951 !!			
1033 p	*Minuartia peploides* (L.) HIERN. Salzmiere	SCH 1860	SCH 1860	SCH 1860	Vorh.?	P 1924	Ho, No, So 1949 !! L, L 1934. O, KN 1895, !!
	f. *latifolia* FENZL	Mehrf. 1953 !!	Hfg. 1954 !!	Hfg. 1911—60 !!			
1035 p	*Arenaria serpyllifolia* L. Sandkraut	HANSEN n. KN 1895	SCH 1860	SCH 1860	L 1936. Buphever- deich 1955 !!	Norderha- fen 1958 !!	**Ho !!**
	ssp. *eu-serpyllifolia* BRIQ.	Öfters 1952 !!					
	v. *scabra* FENZL		Spärlich 1954 !! LDW 1956	Öfters 1914—1960 !!	1955 !!	P 1924 Hb Kiel! Norder- hafen 1958 !!	
	v. *viscida* DC.						
1039	*Moehringia trinervia* (L.) CLAIRV. Nabelmiere	KN 1890, nicht 1895		Vogelkojen, PJ 1910. K 1951			

	Artnamen	Sylt	Amrum	Föhr	Pellworm	Nordstrand	Halligen
1044	*Spergula arvensis* L. Ackerspörgel	SCH 1860	SCH 1860. 1930—58 !!	SCH 1860	L 1936. 1955 !!	P 1924	
	ssp. vulgaris (BOENN.) M. u. K.		Nebel, LDW 1956	FRÖHLICH 1823 n. KN 1895			
	v. *typica* A. u. G.	1952 !!		Wyk 1960 !!			
	v. *laricina* (WULF) ASCHERS.		Nebel, LDW 1956	1919 !! DNC 1925.			
	ssp. *sativa* (BOENN.) M. u. K.			DNC 1925. K 1951			
1047 p	*Spergularia rubra* (L.) PRESL Rote Schuppenmiere	SCH 1860	SCH 1860	SCH 1860. SP 1957			
	v. *pinguis* GÜRKE	Mehrf. 1953 !!	1952 !!				
	v. *typica* A. u. G.						
	f. *arenosa* FIORI						
	sf. *subvestita* ZAP.	Mehrf. 1952 u. 53 !!	Norddorf 1954 !!				
	v. *radicans* (PRESL.) GÜRKE						
	f. *laricina* WI. CHRI.		Norddorf 1958 !!	Boldixum 1927 !!			
	f. *glaberrima* HORNEM.		Nebel, LDW 1956	Südstrand 1960 !!			
1049 p	*Sp. salina* PRESL. Salz-Schuppenmiere	SCH 1860	SCH 1860	SCH 1860. K 1951	Kn 1895. 1956 !!	KN 1895. 1958 !!	Alle, KN 1895. !!
	v. *typica* HAL.	LDW 1953					
	v. *urbica* (LEFL.) GÜRKE						
	f. *glabrata* R. u. F.	Hfg. 1952 !!		Oldsum 1951 !!			
	v. *sperguloides* (LEHM.) GÜRKE	LDW 1953	Mehrf. 1954 !!				
1050 d	*Sp. marginata* (DC.) KITTEL Beränderte Schuppenmiere	Allgem. SCH 1860. 1952 !!	SCH 1860. 1930—58 !!	SCH 1860. 1919 !! Hfg. K 1951	KN 1895. 1956 !!	KN 1895. 1958 !!	KN 1895. Ho 1934 !!, L, SP 1957, 1960 !!, No 1934 !! O 1960 !!
	f. *fascicularis* (LOENNR.) E. H. L. KRAUSE		R 1890	SCH 1860			
1059 p	*Scleranthus perennis* L. Ausdauernder Knäul	SCH 1860. Vielf. 1952 u. 53 !!	SCH 1860. 1954!!	SCH 1860. Mehrf. !!			

1060 dp	*Scl. annuus* L. Einjähriger Knäul v. *hibernus* RCHB.	SCH 1860. Mehrf. 1953 !!	SCH 1860. 1930—58 !!	SCH 1860. Mehrf. 1960 !!		
—	*Scl. annuus* x *perennis*		Norddorf, PJ 1913. LDW 1956	Zw. Witsum u. Hedehusum 1951 !!		
1063 p	*Nymphaea alba* DC. Seerose			PETERS 1825. Mehrf. 1914 !!. K 1951		
1065	*Nuphar luteum* SM. Teichrose			Borgsumer Marsch, BU 1887. ?		
1067 d	*Ceratophyllum* *demersum* L. Rauhes Hornblatt			SCH 1860. 1941—51 !!		L 1938
1068 dp	*C. submersum* L. Glattes Hornblatt					H 1955
1071 p	*Caltha palustris* L. Sumpf-Dotterblume			SCH 1860. S. s. 1951 !!		
1110	*Anemone nemorosa* L. Busch-Windröschen	Friesenhain, HERM. SCHMIDT				P 1925 Hb Kiel !
1119 p	*A. pulsatilla* L. Kuhschelle		SCH 1860. PHILIPPSEN 1917. †			
1121	*Myosurus minimus* L. Mauseschwänzchen	Morsum, KN 1895		SCH 1860. Nieblum, K 1951	BALZER br. 1955 !!	
1122 p	*Ranunculus ficaria* L. Feigwurz	KOEHN			Norder- schule, wohl ein- geschleppt, KN 1895	P 1924
1128 p	*R. lingua* L. v. *typica* BECK. Großer Hahnenfuß			SCH 1860. Mehrf. 1951 !!		

	Artnamen	Sylt	Amrum	Föhr	Pellworm	Nordstrand	Halligen
1129 p	*R. flammula* L. Flammender Hahnenfuß v. *gracilis* G. F. W. MEYER ssp. *reptans* (L.) SCH. u. K.	SCH 1860. Hfg. 1952 !! HERBST 1934 ! Wenningstedt 1953 !! Hörnum, OSTERM. 1906	SCH 1860 Hfg. 1930 !! BU 1887. Vogelkoje 1954 !!	SCH 1860. 1960 !! Mehrf. DNC 1925. 1951 !! SCH 1860			
1130 p	*R. sceleratus* L. Gift-Hahnenfuß	R 1890. Öfters 1952 !!	KN 1895. Treibsel westl. Satteldüne, L 1934, 1954 †	PETERS 1825. K 1951. 1960 !!	KN 1895. 1955 !!	P 1925, Hb Kiel !	
	f. *pygmaeus* PETERM.	Vogelkoje, VOGELER n. DNC 1928		Ziegelei, K 1951		L 1938	
	f. *fluitans* PETIT			PJ 1915. K 1952			
1132	*R. arvensis* L. Acker-Hahnenfuß					P 1925 Hb Kiel!	
1133	*R. sardous* CRANTZ Blasser Hahnenfuß	SCH 1860. Mehrf. !!	FB 1876.	SCH 1860			
	v. *hirsutus* CURT.	Mehrf. 1952 !!	Norddorf 1954 !!	Mehrf. 1951 !!	Selten 1955 !!	Alter Koog 1958 !!	
1134 d	*R. bulbosus* L. Knolliger Hahnenfuß v. *typicus* ERDNER	KN 1895	Steenodde, PJ 1915 Zw. Nebel u. Norddorf 1954 !!	SCH 1860. Mehrf. K 1951 Mehrf. 1927—51 !!		P 1924	Ho, KN 1895
1135 dp	*R. repens* L. Kriechender Hahnenfuß	KN 1895	KN 1895	SCH 1860	BALZER 1951 br.	P 1924	L, L 1934
	v. *typicus* BECK	Oft 1952 !!	Oft 1930—58 !!	Gemein !!	Gemein 1955 !!	Gemein 1958 !!	G 1960 !!, Ho 1925 !!, O 1960 !!
1139 dp	*R. acer* L. Scharfer Hahnenfuß	SCH 1860	SCH 1860	SCH 1860	KN 1895	KN 1895	Ho, KN 1895, 1949 !! L, SP 1959
	v. *boraeanus* JORD.	Gemein 1952 !!	N. s. 1930—58 !!	Gemein !!	Mehrf. 1956 !!	N. s. 1958 !!	
1141	*R. auricomus* L. Gold-Hahnenfuß v. *fallax* W. u. GR.			Königsgarten, DNC 1925 Gehölz, SP 1957, 1960 !!			

1150 d	*R. hederaceus* L. Efeublättriger Hahnenfuß	POULSEN n. SCH 1860		KN 1895. 1951 !! Wrixum 1960 !!	KN 1895. 1955 !!	KN 1895	
1152 p	*R. obtusiflorus* (GRAY) MOSS. Stumpfblütiger Hahnenfuß	Rantum-Becken 1952 !!		BU 1887. DNC 1825	KN 1895. 1955 !!		Ho 1925 !!
1153 d	*R. circinnatus* SIBTH. Starrer Hahnenfuß	OSTERM 1906		SCH 1860. Goting, K 1951	1955 !!	L 1938	
1154 p	*R. aquatilis* L. Wasser-Hahnenfuß	KN 1895	KN 1895. HELM Hb Kiel !	KN 1895. K 1951	KN 1895. 1955 !!	KN 1895	
	ssp. *heterophyllus* (WEBER) NEILR.	Mehrf. R 1890. 1952 !!		SCH 1860. 1951 !!			
	v. *radicans* REVEL			Mehrf. K 1951			
	v. *truncatus* KOCH			1951 !!			
	v. *peltatus* SCHRANK	Wenningstedt 1953 !!					
	ssp. *hirsutissimus* KRAUSE				PRAHL 1890		
	v. *quinquelobus* KOCH			1951 !!			
1157	*R. flaccidus* L. Wasser-Hahnenfuß						
p	ssp. *petiveri* (KOCH)	Tinnum, PJ 1913				1958 !!	
	ssp. *paucistamineus* TAUSCH	OSTERM 1906			KN 1895. 1956 !!	Hfg. KN 1895	
1164 p	*Thalictrum flavum* L. Wiesenraute	Zw. Kampen u. Vogelkoje, ALPERS n. KN 1895	Zw. Nebel u. Steenodde, ROHWEDER 1935. LDW 1956		H 1959		
	v. *pratense* SCHLEICH.	Daselbst 1953 !!					
1172	*Chelidonium majus* L. Schöllkraut	Keitum 1952 !!		Nieblum, DNC 1925, !! SP 1957			
1177	*Papaver rhoeas* L. Klatschmohn	Wenningstedt, OSTERMEYER 1906	Nebel, HELM br.	Boldixum, KN 1895		Nordstrand N 1825 Hb Kiel ! P 1934	
	v. *genuinum* ELKAN	Keitum 1952 !!		Mittelberg, K 1951			

Nr.	Artnamen	Sylt	Amrum	Föhr	Pellworm	Nordstrand	Halligen
1180	*P. dubium* L. Saatmohn		Nebel, LDW 1956	K 1951			
1182	*P. argemone* L. Sandmohn	Westerland Bahndamm 1952 !!		Südstr. FRL. FRIES 1949. K 1951. Wyk, SP 1957			
	v. *typicum* KOCH		Nebel 1954 !!				
	v. *glabrum* KOCH		Norddorf 1958 !!				
	v. *glabratum* (C. u. G.) R. u. F.			Südstrand 1960 !!			
1194	*Fumaria officinalis* L. Erdrauch	Morsum, KN 1895	Nebel, PJ 1913	SCH 1860. Verbr. K 1951			Ho u. L L 1934
	f. *vulgaris* KITTEL	Mehrf. 1952 !!	Nebel 1954 !! Norddorf 1958 !!	N. s. 1960 !!		Norderha- fen 1960 !!	
1200	*Brassica rapa* L. Rübsen	KN 1895	SCH 1860 als *Br. campestris*	Nieblum, PJ 1911	Am Hafen 1956 !!		
1204	*Br. nigra* (L.) KOCH Schwarzer Senf		SCH 1860	SCH 1860			Ho 1951 !!
	f. *torulosa* (PERS.) ALEF.		Norddorf 1954 !! 1958 †				
1210	*Sinapis arvensis* L. Ackersenf f. *normalis* THELL.	SCH 1860. Mehrf. 1952 !!	SCH 1860. Mehrf. 1930 !!	SCH 1860	KN 1895	KN 1895	L, L 1934
	sf. *leiocarpa* GAUD.	Braderup 1953 !!		Wyk 1960 !!		Norderha- fen 1958 !!	Ho 1925 !!, O 1925 !!
1212	*Diplotaxis muralis* (L.) DC. Mauer-Rampe	RA 1950. Mehrf. 1952 !!	Wittdün 1930 !! LDW 1956 Steenodde, LDW 1956.				
	f. *caulescens* KITTEL	Westerland, VOGELER n. DNC 1928					
1214	*Raphanus raphanistrum* L. Hederich ssp. *segetum* (BAUMG.) CLAV.	KN 1890	SCH 1860	PETERS 1825	KN 1895. 1955 !!	KN 1895. P 1924	
	v. *arvense* (RCHB.) THELL.	Gem. 1952 !!	Vielf. 1930—58 !!	Gem. !!		Norderha- fen 1958 !!	

1220	*Rapistrum rugosum* (L.) ALL. Runzliger Rapsdotter	Westerland, RILL 1953 Hb Kiel !					
1221 d	*Cakile maritima* SCOP. Meersenf	SCH 1860	SCH 1860	SCH 1860. SP 1957			Ho 1925 !!, SP 1956. L, SP 1959. No, L 1934
	v. *monosperma* (LGE.) SCHULZ		Vielf. 1954 !!	Mehrf. !!			
	f. *normalis* THELL.		Vielf. 1954 !! LDW 1956	Südstrand 1950 !!			
	sf. *integrifolia* (BOIS.) SCH.	KN 1895. Hfg. !!	KN 1895				
	sf. *vulgaris* DC.	KN 1895. Hfg. !!		Hfg. DNC 1925			
	v. *latifolia* DESF.		AHLENSTIEL 1909 Hb. Kiel ! Vielf. 1954 !!	N 1825. DNC 1925. 1960 !!			
1225	*Lepidium campestre* (L.) R. BR. Feldkresse		Norddorf 1954 !! Nebel, LDW 1956	Wyk 1949 !! Süd-strand 1951—60 !! SP 1957			
1227	*L. ruderale* L. Schuttkresse	SCH 1860. Mehrf. 1952 !!	SCH 1860. Witt-dün 1930—54 !!	BARGUM 1810. Mehrf. 1919 !! K 1952	KN 1895. Siel 1956 !!	KN 1895	G 1960 !! Ho, KN 1895. L, L 1934. O, H 1959. So, EMEIS 1941 !
1233	*Cardaria draba* (L.) DESV. Pfeilkresse	O 1937. Rantum, SP 1959					
	ssp. *eu-draba* (THELL.)						
	v. *genuina* (THELL.)	Westerland, SCHEEL 1951 !	Norddorf 1954 !! 1958 †	Wyk 1951 !! SP 1957			

		Artnamen	Sylt	Amrum	Föhr	Pellworm	Nordstrand	Halligen
1234	p	*Coronopus procumbens* GILL. Krähenfuß		N 1825	KN 1895	KN 1895. Hfg. L 1936	P 1924	Ho, KN 1895, 1939!! L !!. Nm 1956 !! So, KN 1895.
		ssp. *eu-verrucarius* (MUSCHL.) THELL. v. *procumbens* MUSCHL. f. *pycnocarpus* SCHULZ				Mehrf. 1956 !!	P 1924. 1958 !!	
		v. *typicus* MUSCHL.						G 1960 !!
1241		*Thlaspi arvense* L. Hellerkraut	SCH 1860. Mehrf. 1952 !!	HELM br. Mehrf. 1930 !!	KN 1895. Verbr. K 1951. Slt. 1960 !!	KN 1895. L 1936. 1955 !!	KN 1895. L 1939. 1958 !!	Ho 1949 !! L, SP 1957
1248		*Teesdalia nudicaulis* (L.) R. BR. Bauernsenf	SCH 1860. Gem. !!	KN 1895. Hfg. !!	SCH 1860. K 1951. 1960 !!			
1249		*Capsella bursa-pastoris* (L.) MED. Hirtentäschel	SCH 1860. Gem. !!	SCH 1860. Gem. !!	SCH 1860. Öfters !!	KN 1895. Öfters 1955 !!	KN 1895. 1958 !!	Alle bewohnten Halligen, KN 1895 !!
1255	p	*Cochlearia officinalis* L. Echtes Löffelkraut	Kampen, FÖH 1935. KOEHN	N n. KN 1895	SCH 1860			Alle bewohnten Halligen, KN 1895.
		ssp. *eu-officinalis* A. u. G.		Vielf. 1930 !!	Vielf. 1951 ff !!. K 1952			Vielf. !!
1256	p	*C. anglica* L. Englisches Löffelkraut	Keitum, O. ?	Norddorf, VOGELER Jb. Natw. Ver. Altona 1934	Südstrand 1951 !!			
1257	p	*C. danica L.* Dänisches Löffelkraut	BU 1887. Vielf. 1952 !!	SCH 1860. KN 1895 Zw. Nebel u. Norddorf, LDW 1956	SCH 1860. K 1951. SP 1957.	L 1936		O 1925 !! L, H 1959

1258 p	*Subularia aquatica* L. Pfriemenkresse		Dünensee sdl. Leuchtturm, R 1890				
1260	*Neslea paniculata* (L.) DESV. Finkensame	Rantum Bahn, VOGELER n. DNC 1928					
1275	*Lobularia maritima* (L.) DESV. Silberkraut		Zw. Nebel u. Norddorf, O 1936				
1276	*Berteroa incana* (L.) DC. Graukresse	JAAP n. PJ 1911		ARFSTEN n. FB 1876. Mehrf. 1951 !! K 1952			
1294 dp	*Erophila verna* (L.) CHEV. Hungerblümchen	SCH 1860	SCH 1860	SCH 1860. Vielfach SP 1957	Verbr. H 1959	P 1924 ! Verbr. H 1959	L u. Ho, L 1934
	ssp. *duplex* Ö. W.		Zw. Norddorf u. Nebel 1954 !!	1951 !!			
	ssp. *quadruplex* Ö. W.	Morsum 1952 !!					
	ssp. *simplex* Ö. W.			1951 !!			
1300 d	*Cardamine hirsuta* L. Behaartes Schaumkraut	Westerland, O 1940. Ellenbogen 1952 !!	Vogelkoje 1930 !!				
1301 p	*C. flexuosa* WITH. Geknicktes Schaumkraut			Oevenum Vogel- koje, PJ 1913			
1303 dp	*C. pratensis* L. Wiesen-Schaumkraut	List, R 1890. Morsum 1952 !!	SEEMEN 1899. Norddorf 1954 !!	SCH 1860. Hfg. K 1951	KN 1895. Mehrf. 1955 !!	KN 1895. 1958 !!	
	ssp. *pratensis* MARGR.			Mehrf. 1960 !!			
	ssp. *palustris* (W. u. GR.) JANCH.			Mehrf. PJ 1913			
1314	*Barbaraea vulgaris* R. BR. Barbarakraut	Keitum 1952 !! (Typus)		KN 1895. Oldsum 1951 !!	Mehrf. 1955 !!		
	v. *arcuata* (OPIZ) FRIES			Mehrf. PJ 1913. K 1951. 1960 !!			
1318	*Cardaminopsis arenosa* (L.) HAYEK Schaumkresse		Leuchtturm, BU				

	Artnamen	Sylt	Amrum	Föhr	Pellworm	Nordstrand	Halligen
1334 p	*Rorippa microphylla* (BOENN.) HYL. Brunnenkresse	Mörderkuhle 1953 !!		SCH 1860 als *R. officinalis*		H 1955	
1336 dp	*R. amphibia* (L.) BESS. Wasserkresse			SCH 1860. Boldixum 1960 !!			
1337	*R. silvestris* (L.) BESS. Wilde Kresse	Westerland Bahn, PJ 1913 Keitum Bahn 1952 !!	ALBERS n. HELM 1930. 1954 !!	KN 1895. K u. !! 1951			
1339 dp	*R. islandica* (OED.) BOR. Sumpfkresse	Archsum, R 1890. Öfters 1952 !!	HELM br. 1930. Mehrf. 1954 !!	KN 1895. Verbr. K u. !! 1951	Vogelkoje, L 1936		
1346	*Erysimum cheiranthoides* L. Schotendotter		Mehrf. RA 1947. Nebel 1958 !!	Mehrf. DNC 1925, 1951—1960 !!	L 1936		
1355	*Alliaria officinalis* ANDRZ. Lauchhederich	Keitum, O 1948, 1952 !!					
1356	*Sisymbrium officinale* (L.) SCOP. Gebräuchliche Rauke v. *leiocarpum* DC.	R 1890. Öfters 1952 !!	SCH 1860. 1930 !!	PETERS 1825. Wyk 1960 !! Mehrf. PJ 1913, DNC 1925	KN 1895. 1955 !!	KN 1895. 1958 !!	L u. Ho, L 1934
1361	*S. altissimum* L. Ungarische Rauke		Hospiz I, HELM br. Nebel 1954 u. 1958 !!				
1362	*S. orientale* TORNER Orientalische Rauke			Wyk, BRANDES n. DNC 1925			
1364	*Arabidopsis thaliana* (L.) HEYNH. Thals Rauke	KN 1895. Oft 1952 !!	R 1890. Norddorf 1930 !! Nebel, LDW 1956	KN 1895. Verbr. K 1951. 1960 !!	L 1936		
1365	*Camelina sativa* (L.) CR. Leindotter ssp. *microcarpa* ANDR.			SCH 1860. DNC 1925 DNC 1925			

1369	*Descurainia sophia* (L.) WEBB. Sophienrauke	SCH 1860. Keitum 1952 !!	R 1890. Norddorf 1930 !! Wittdün, SP 1957. Mehrf. LDW 1956	KN 1895	KN 1895	KN 1895	
	f. *typica* BECK			Nieblum, DNC 1925, K 1951			
1370	*Reseda lutea* L. Reseda		Wittdün, HELM 1913, 1954 !!				
	v. *longifolia* TENORE		1954 !!				
1375 d	*Drosera rotundifolia* L. Rundblättriger Sonnentau	SCH 1860. Öfters !!	SCH 1860. Öfters !!	SCH 1860. Öfters !!			
1377 d	*D. intermedia* HAYNE Mittlerer Sonnentau	SCH 1860. Öfters !!	SCH 1860. Öfters !!	SCH 1860. Öfters !!			
1383 p	*Sedum thelephium* L. Große Fetthenne						
	ssp. *purpureum* (L.) R. u. C.	Keitum, VOGELER n. DNC 1928		SCH 1860. K 1951. SP 1957			
	ssp. *maximum* (L.) R. u. C.		Nebel, RA 1947, 1954 !!				
1392 p	*S. acre* L. Mauerpfeffer	SCH 1860. Hfg. 1952 !!	SCH 1860. Norddorf 1954 u. 58 !! Odde 1954 !!	PETERS 1825 Hfg. !!	H 1959 1955 !!	H 1959. 1960 !!	No 1939 !! O 1960 !!
1395	*S. reflexum* L. Felsenfetthenne			Strand b. Utersum, PHILIPPSEN n. DNC 1925			
1396	*Sempervivum tectorum* L. Hauslauch	Keitum u. Braderup, WEIDEMANN 1939			KN 1895. Mehrf. 1956 !!	FB 1876. P 1924 Norderhafen 1960 !!	
1427 p	*Saxifraga granulata* L. Steinbrech	SCH 1860. Munkmarsch hfg. WEIDEMANN br. 1954	JESSEN n. SEEMEN 1889. Nebel, PJ 1915, WÖBBE 1956 !	SCH 1860			

	Artnamen	Sylt	Amrum	Föhr	Pellworm	Nordstrand	Halligen
1443 d	*Parnassia palustris* L. Studentenröschen			SCH 1860			
1445	*Ribes grossularia* L. Stachelbeere				Vogelkoje 1955 !!		
1446 d	*R. silvestre* M. u. K. Wilde Johannisbeere			Mehrf. 1951 !!		Vogelkoje 1958 !!	
1447 d	*R. spicatum* ROBSIN Rote Johannisbeere				Vogelkoje 1955 !!		
1450 d	*R. nigrum* L. Schwarze Johannisbeere	Westerland, VOGELER n. DNC 1928	Vogelkoje 1930 !!				
1468	*Malus silvestris* L. Apfelbaum	Westerland, VOGELER n. DNC 1928 Mehrf. 1952 !!	Mehrf. 1954 !!	Mehrf. 1951 !!		Vogelkoje 1958 !!	
1469	*Sorbus aucuparia* L. Vogelbeerbaum	Westerländer Vogel- koje, KN 1890. Friesenhain, VOGELER n. DNC 1928. Lornsenhain 1952 !!	Norddorf, PJ 1913, 1930 !!	DNC 1925. SP 1957			
1476	*Crataegus oxyacantha* L. Weißdorn		Leuchtturm 1958 !!	SCH 1860. Mehrf. K 1952	Neue Kirche 1956 !!	Vogelkoje 1958 !!	
1477	*C. monogyna* L. Weißdorn	OSTERM 1906. Mehrf. 1952 !!	Leuchtturm, RA 1947, 1954 !!	Mehrf. 1951—60 !!	Mehrf. 1955 !!	Vogelkoje 1958 !!	
1487 d	*Rubus idaeus* L. Himbeere	Lornsenhain, VOGELER n. DNC 1928 Mehrf. 1952 !!	Norddorf 1958 !!	Ndl. Nieblum 1911 !! Mehrf. SP 1957. 1960 !!	Mehrt. 1956 !!		
1488 p	*R. fruticosus* L. Brombeere	Mehrf. 1953 !!	Leuchtturm 1954 !! Norddorf 1958 !!	1960 !!	Vogelkoje 1955 !!		

1581 p	*R. caesius* L. Blaue Brombeere	SCH 1860. N. s. !!	SCH 1860. 1954 !!	PETERS 1825. Hfg. K 1951. 1960 !!	Neue Kirche 1956 !!		
1582 p	*Comarum palustre* L. Blutauge	List, N 1825 Hb Kiel ! Hfg. !!	BU 1887. Öfters 1930 ff !!	SCH 1860. Verbr. !!			
	f. *subsericeum* W. BECKER			PJ 1911			
1592 dp	*Potentilla argentea* L. Silber-Fingerkraut	SCH 1860	R 1890	BU 1887		P 1924	
	v. *discolor* TRATT.	Wenningstedt 1953 !!		Mehrf. !!			
	sv. *typica* BECK		Vielf. 1958 !!	Südstrand 1960 !!			
	f. *angustisecta* SAUT.	Keitum 1952 !!		Goting, K 1951			
	sv. *demissa* (JORD.) WOLF	Mehrf. 1953 !!					
	v. *tenuiloba* (JORD.) SCHW.	Keitum 1952 !!	Mehrf. 1954 !!	Mehrf. 1951 !!			
1595	*P. recta* L. Hohes Fingerkraut	Vorh. ?	Nebel, HELM 1925, 1954 !! Steenodde, WOLF 1951	Mehrf. K 1951			
1597	*P. norvegica* L. Norwegisches Finger- kraut		RICHTER n. HELM br. O 1941	Im Westen, DNC 1925			
	v. *hirsuta* (MICHX.) T. u. G.		Vogelkoje 1954 !!				
1610 p	*P. tormentilla* NECK. Heidecker	CAMERER 1762 n. KN 1890	R 1890	SCH 1860			
	v. *eu-silvestris* A. u. G. sv. *typica* BECK	Hfg. !!	Hfg. !!	Verbr. 1951 !!			
	? v. *fallax* MARSS.	KN 1895	KN 1895	KN 1895			
1611 p	*P. procumbens* SIBTH. Gestrecktes Fingerkraut		HELM br.	SCH 1860. Mehrf. 1951 !!			
1613 p	*P. anserina* L. Gänse-Fingerkraut	SCH 1860	SCH 1860	SCH 1860 K 1951	KN 1895. Hfg. 1955 !!	P 1924. L 1938	Alle, KN 1895, !!

	Artnamen	Sylt	Amrum	Föhr	Pellworm	Nordstrand	Halligen
	v. *vulgaris* HAYNE	Mehrf. VOGELER n. DNC 1928, 1952 !!	Öfters 1930 !! LDW 1956	1960 !!	N. s. 1955!!	1958 !!	G 1960 !!. Ho 1934 u. 1960 !!. L 1960 !!. Nm 1960 !!. O 1960 !!
	f. *longissima* SCHUR	VOGELER n. DNC 1928					
	f. *delitschiana* KU.	Rantum, VOGELER n. DNC 1928	Öfters PJ 1913				
	f. *tenella* LANGE	Hörnum, PJ 1913. Mehrf. !!	Mehrf. PJ 1913	SCH 1860. FB 1876			
	v. *sericea* HAYNE	Boakental, VOGELER 1928	Norddorf 1958 !!	Bruk 1919 !! Boldixum 1960 !!			L u. Ho 1960 !!
1614 d	*Fragaria vesca* L. Wald-Erdbeere	Vogelkoje, O 1950	Mehrf. LDW 1956		Vogelkoje 1955 !!		
1618	*Fr. moschata* DUCH. Zimt-Erdbeere			Oevenum Vogelkoje, O 1949, K 1951			
1621	*Geum rivale* L. Bach-Nelkenwurz	KN 1890. Morsum, VARGES 1935 ?					
1622 p	*G. urbanum* L. Echte Nelkenwurz			SCH 1860. Mehrf. 1919 !! SP 1957	Mehrf. 1956 !!		
1623	*Agrimonia eupatoria* (GOU.) MILL. Odermennig	KN 1890. Irrtum ?					
1634	*Alchemilla arvensis* (L.) SCOP.[1]) Acker-Frauenmantel	PJ 1913	SCH 1860	SCH 1860. PJ 1911			
—	*A. microcarpa* B. u. R. Kleinfrüchtiger Frauenmantel	N. s. 1952 !!	Mehrf. 1954 u. 58 !!	Mehrf. 1950 !! K 1951			

1) *Alchemilla arvensis* wird auf Sylt, Amrum und Föhr nicht vorkommen. *A. microcarpa* ist erst später erkannt worden.

1640 p	*A. vulgaris* L. Wiesen-Frauenmantel	SCH 1860. RA 1950					
	ssp. *palmata* (GILIB.) GAMS			Flugplatz 1951 !!			
	v. *pastoralis* (BUSS.) SCH. u. K.			Mehrf. K 1952			
	v. *acutangula* (BUSS.) SCH. u. K.			Wyk 1949 !!			
1649 p	*Rosa tomentosa* SM. Filzige Rose						O 1952 !!
1651 p	*R. eglanteria* L. Weinrose	Keitum, FB n. KN 1895. Mehrf. verw. PJ 1913	Norddorf, KN 1895	Wyk, PRAHL 1890. Mehrf. DNC 1925		Mehrfach 1960 !!	
	v. *comosa* (Rip.) DUM.	Keitum 1952 !!	Norddorf 1930 u. 54 !! Vogelkoje 1958 !!	Wyk 1951 !!			
	f. *acanthophora* (v. KELLER)		Nebel 1911 !!				
	v. *umbellata* (LEERS.) CHRIST	Flugplatz 1952 !!	1930 !!	Wyk 1951 !!			
	f. *dimorphacantha* (MART.) BO.			1911 !!			
1656 p	*R. obtusifolia* DESV. Flaumrose			Alkersum 1911 !! Wyk 1951 !!			
1657 p	*R. canina* L. Hundsrose	„Öfters“ KN 1895, VOGELER n. DNC 1928 Irrtum.	R 1890	Im Westen, DNC 1925. Borgsum Vogelkoje, K 1951	1956 !!	H 1959	
	v. *lutetiana* LEHM.	Keitum 1952 !!	Östl. d. Vogelkoje 1954 !!	Boldixum 1960 !!			O 1960 !!
	v. *dumalis* BAKER		Steenodde 1954 !!	Boldixum 1916 !!			
	v. *transitoria* R. KELLER		Norddorf 1954 !!				
1657 p	*R. dumetorum* THUILL. Heckenrose			Im Westen, DNC 1928			
	v. *platyphylla* CHRIST		Norddorf 1954 !!		Vogelkoje 1955 !!		
	f. *urbica* CHRIST			Akerumhof 1919 !!			

	Artnamen	Sylt	Amrum	Föhr	Pellworm	Nordstrand	Halligen
1658 p	*R. glauca* VILL. Blaugrüne Rose			Mehrf. PJ 1911			
	ssp. *eu-glauca* WI. CHRI.	Urwüchsig.					
	v. *typica* R. KELLER	Mehrf. 1953 !!	Mehrf. 1954 !!	Mehrf. 1911—1960 !!	Mehrf. 1955 !!		
	v. *transiens* (KERN.) R. KELLER	Mehrf. PJ 1913. Keitum 1953 !!	Norddorf, PJ 1913. Mehrf. 1916—54 !!	Mehrf. 1916 !!			
	v. *complicata* (GR.) BR.	Keitum 1953 !!	Nebel, PJ 1913. Norddorf 1916—58 !!	Boldixum 1960 !!		Süder-hafen 1958 !!	
	v. *hispido-caballicensis* (CHRIST) R. KELLER		Norddorf, PJ 1913, 1954 !!				
	v. *myriodonta* R. KELLER	Keitum 1952 !!					
	f. *seringeri* CHRIST			Zw. Nieblum u. Alkersum 1916 !!			
	f. *pilosula* (CHRIST) R. KELLER			Boldixum 1916 !!			
	ssp. *subcanina* HAYEK	Wohl nicht urwüchsig.					
	zu v. *veridica* SCHW.	Keitum 1952 !!			1956 !! Ur-wüchsig?		
	zu v. *junalis* SCHNETZ	Keitum 1952 !!					
	zu v. *diodus* R. KELLER	Keitum 1952 !!					
1658 p	*R. coriifolia* FRIES Lederblättrige Rose	SCH 1860. Mehrf. PJ 1913		SCH 1860	1955 !!		
	ssp. *eu-coriifolia* WI. CHRI.						
	v. *typica* CHRIST	PJ 1913. Mehrf. 1952 !!		Mehrf. 1951 !!			O 1960 !!
	v. *glabrescens* R. KELLER	Mehrf. 1952 u. 53 !!	Mehrf. 1954 !!	Boldixum 1960 !!		Süder-hafen 1958 !!	
	v. *hispida* WI. CHRI.	Keitum 1953 !!	Vogelkoje 1954 !!				
	v. *cimbrica* K. FR.	Westerland, PJ 1913. Keitum, PJ 1913, 1952 !!	Quermarken-feuer 1954 !!	DNC 1925. Süder-ende 1951 !!			
	v. *bovernieriana* CHRIST	Keitum 1952 !!					
	ssp. *subcollina* CHRIST			Südstrand 1960 !! Urwüchsig?			

1662 p	*R. pimpinellifolia* L. Dünenrose	OEDER 1768 Hb Kiel !	HORN. 1821. Odde 1911 !! Westl. Nebel 1956 Quermarken- feuer sehr viel, WÖBBE u. !! 1958	Greensbott, DNC 1925, †	
	v. *typica* CHRIST	Öfters 1952 !!	Quermarken- feuer 1958 !!		
	v. *spinosissima* (L.) KOCH	Öfters 1952 !!	Quermarken- feuer 1958 !!		
1664	*Prunus padus* L. Traubenkirsche			Knorrbremse, K 1952. Gepfl. ?	
1671	*P. avium* L. Süßkirsche	RA 1950. Lornsenhain 1955 !!			
1676	*P. spinosa* L. Schlehdorn	Archsum, PJ 1913		Königsgarten, SCH 1860	Pohns- halligkoog 1958 !!
1696 p	*Sarothamnus scoparius* (L.) WIMM. Besenstrauch	SCH 1860. Zw. Kampen u. Wenningstedt, LDW 1953	N 1825 Hb Kiel ! 1911 ff !!	SCH 1860. Mehrf. K 1951. 1960 !!	
	v. *maritimus* (R. u. F.) A. u. G.		1938 !!	Utersum 1951 !!	
1697	*Ulex europaeus* L. Stechginster	Flora danica 1875 H. 11. Morsum, PJ 1913 Kampen 1952 !!	Leuchtturm, BU 1887. Mehrf. 1911 !!	HORN 1821. Mehrf. K 1952, 1960 !!	
1700 p	*Genista anglica* L. Englischer Ginster	SCH 1860. Oft !!	SCH 1860. Oft !!	SCH 1860. Oft !!	
	f. *subinermis* LEGR.	Mehrf. 1953 !!		Mehrf. 1951 !!	
1701 p	*G. tinctoria* L. Färberginster	N 1825 Hb Kiel !	N 1825 Hb Kiel !	SCH 1860. Hfg. !! SP 1957	
	v. *vulgaris* SPACH		Süddorf, LDW 1956		
	f. *genuina* (POK.) A. u. G.	Mehrf. 1953 !!	Norddorf 1954 !!		
	v. *littoralis* CORB.	Mehrf. 1953 !!			
1703 d	*G. pilosa* L. Behaarter Ginster	HORN 1821. N. s. !!	SCH 1860. N. s. !!	SCH 1860. Verbr. 1951 !!	

	Artnamen	Sylt	Amrum	Föhr	Pellworm	Nordstrand	Halligen
1706 p	*Ononis repens* L. Kriechende Hauhechel			Mehrf. DNC 1925, 1950—1960 !!			
1707 p	*O. spinosa* L. Dornige Hauhechel	R 1890. Mehrf. 1952 !!	SCH 1860	SCH 1860. Mehrf. 1951 !!	KN 1895	P 1924. L 1938	Ho, No u. So, KN 1895 L, L 1934
	v. *villosa* KN.		1930 ff !!		Südl. Außen-deich 1956 !!		
	sv. *microphylla* (NIELSEN) A. u. G.			SCH n. LANGE 1886			
— d	*Trigonella ornithopodioides* (L.) DC. Vogelfußartiger Klee	List, OEDER 1768 Flora danica Tl. 368. †					
1716	*Melilotus officinalis* (L.) LAM. Echter Steinklee	Mehrf. VOGELER n. DNC 1928 ASMUS 1952 !! Wenningstedt 1953 !!	Vogelkoje 1929, HELM br. Norddorf Bahnhof 1942 !!	DNC 1925. K 1951			
1717	*M. albus* MEDIK. Weißer Steinklee	Bahndamm Morsum—Westerland mehrf., O 1946. List, ASMUS 1952 !, LDW 1953		Mehrf. 1950 !! K 1952			
	v. *typicus* A.u. G.			1950 !!			
1719 d	*Medicago lupulina* L. Schneckenklee	SCH 1860	Nebel, KN 1895	SCH 1860		MÄCKELMANN n. KN 1895. L 1939	
	v. *vulgaris* KOCH	N. hfg. !!	Mehrf. 1930—58 !!	Verbr. !!	Slt. 1955 !!	Norderhafen 1958 !!	
	f. *corymbosa* (SCHN.) SER.	Wenningstedt, VOGELER n. DNC 1928					
	v. *glandulosa* M. u. K.		Nebel 1930 !!			Norderhafen 1958 !!	

1727 dp	*Trifolium dubium* SIBTH. Kleiner Klee	SCH 1860. 1952 !!	SCH 1860. 1930 ff !!	SCH 1860. Hfg. !!	KN 1895. 1955 !!	L 1938. 1958 !!	Ho, KN 1895. 1949 !! L. L 1934
1729 d	*T. campestre* SCHREB. Feldklee	N 1825 Hb Kiel ! Keitum 1952 !!	SCH 1860. 1930 ff !!	SCH 1860. Mehrf. 1926 !!	1955 !!	P 1924	
1735	*T. hybridum* L. Schwedenklee v. *elegans* (SAVI) BOISS.	OSTERM 1906. Mehrf. 1952 !! VOGELER n. DNC 1928. 1952 !!	KN 1895. 1930 ff !!	KN 1895. K 1951. 1960 !! DNC 1925	KN 1895. 1955 !!	L 1938. 1958 !!	Ho, KN 1895
1736 p	*T. repens* CRANTZ Weißer Klee	SCH 1860	SCH 1860	SCH 1860	KN 1895	KN 1895	KN 1895. Alle !!
	v. *typicum* A. u. G. f. *genuinum* A. u. G.	Verbr. !!	Verbr. !!	Verbr. !!	1955 !!	1958 !!	G, Ho, L, Nm u. O 1960 !!
	f. *microphyllum* A. u. G. (= f. *pygmaeum* LGE.?)	VOGELER n. DNC 1928. 1953 !!		PJ 1911			
	f. *phyllanthum* SER.	Wenningstedt, DNC 1928		Witsum, K 1951			
1742 d	*T. fragiferum* L. Erdbeerklee	Mehrf. KN 1890. Morsum 1953 !!	Mehrf. 1930 u. 54 !!	KN 1895		KN 1895. L 1938	G, RU 1956. H !!. L, Kn 1895
1744 d	*T. arvense* L. Ackerklee	SCH 1860. Hfg. 1952 !!	SCH 1860. 1952 !!	SCH 1860			
	v. *typicum* BECK	Wenningstedt 1953 !!		DNC 1925. K u. !! 1951			
	sv. *agrestinum* (JORD.) R. u. F.	Keitum 1952 !!	Hfg. 1958 !!	Mehrf. 1960 !!			
1745	*T. striatum* L. Streifenklee		HERMANN 1938 ! Witdün !! TX 1958	Nieblum 1911 !!			
	v. *genuinum* LGE.			Nieblum 1911 !! Wyk 1960 !!			
	f. *prostratum* LGE.	Tinnum 1937 !! Keitum 1952 !!	Norddorf 1958 !!				

	Artnamen	Sylt	Amrum	Föhr	Pellworm	Nordstrand	Halligen
1748 d	*T. pratense* L. Wiesenklee	SCH 1860	SCH 1860	SCH 1860	KN 1895. 1955 !!	KN 1895. 1958 !!	Ho, SP 1956. L, L 1934 G u. Ho 1960 !!
	ssp. *eu-pratense* A. u. G.						
	v. *spontaneum* WILLK.	Rantumbecken 1952 !!		K 1952	Mehrf. 1955 !!		
	sv. *genuinum* ROUY	Keitum 1952 !!		Mehrf. 1911 ff !!			
	v. *sativum* (CROME) SCHREB.	Vielf. !!	Mehrf. !!	DNC 1925. K 1952			
	v. *maritimum* ZABEL	Mehrf. VOGELER n. DNC 1928 Morsum 1953 !!		PJ 1915. K 1951			Ho 1949 !!
1750 p	*T. medium* L. Mittlerer Klee	RA 1950					
1756 d	*Anthyllis vulneraria* L. Wundklee	HAGEN, Chloris boruss. 1819 n. REICHENBACH 1881	Gratdüne, SCH 1860	KN 1895			
	v. *maritima* (SCHW.) KOCH	KN 1890. Mehrf. 1952 ff !!	KN 1895. Quermarkenfeuer 1954 !!	KN 1895. Mehrf. DNC 1925, K 1951			
1757 dp	*Lotus corniculatus* L. Hornklee	SCH 1860	SCH 1860	SCH 1860. SP 1957	KN 1895	KN 1895. L 1938	G 1960 !! Ho, L u. No, KN 1895
	ssp. *eu-corniculatus* A. u. G.						
	v. *arvensis* SER.	Vielf. !!	Norddorf 1954 !!		Slt. 1956 !!	Norderhafen 1960 !!	L u. O 1960 !!
	sv. *ciliatus* KOCH			DNC 1925. 1956 !!	Mehrf. 1956 !!		
	sv. *genuinus* POST.	Vielf. !!	Norddorf 1958 !!	Häufig 1960 !!	Mehrf. 1955 !!		G u. Ho 1960 !!
	f. *microdon* PETERM.	Wenningstedt 1953 !!					
	f. *crassifolius* (PERS.) SER.	KN 1895. Munkmarsch, VOGELER n. DNC 1928. Mehrf. 1937 !!	KN 1895. Norddorf 1930 !!	KN 1895. DNC 1925, 1960 !!			G, RU 1955. Ho 1949 !!
	f. *parvifolius* PETERM.	Mehrf. PJ 1913. Wenningstedt 1953 !!					

	v. *hirsutus* KOCH			DNC 1925			
	ssp. *tenuifolius* (L.) HARTM.	SCH 1860. Mehrf. PJ 1930. VOGELER n. DNC 1928	SCH 1860	SCH 1860	DNC 1925		
	v. *microphyllus* HAUSSKN.	KN 1895. Wenningstedt, VOGELER n. DNC 1928	KN 1895	KN 1895. DNC 1925			
1758 dp	*L. uliginosus* SCHKUHR Sumpf-Hornklee	Mehrf. KN 1890, !!	Leuchtturm, KN 1895	Zerstr. KN 1895			Ho, L 1934
	f. *villosus* LAM.	Öfters PJ 1913. VOGELER n. DNC 1928	Mehrf. PJ 1913, !!	PJ 1911. DNC 1925			
	f. *glabriusculus* BAB.		So meistens 1958 !!	DNC 1925			
1774	*Astragalus glycyphyllus* L. Tragant						
	f. *typicus* BECK	Kampen 1953 !!					
1799 d	*Ornithopus perpusillus* L. Vogelfuß	HANSEN 1825 Hb Kiel !	Zerstr. R 1890	SCH 1860			
	v. *genuinus* ROUY	N. s. !!	N. s. !! LDW 1956	N. s. !!			
1811	*Vicia hirsuta* (L.) GRAY Rauhhaarige Wicke	Mehrf. VOGELER n. DNC 1928. 1952 !!	SCH 1860	SCH 1860. K 1951. 1960 !!		Slt. P 1924	Ho 1925 !!
1812	*V. tetrasperma* MOENCH Viersamige Wicke	Tinnum, VOGELER n. DNC 1928. 1952 !!		K 1951			
1819 dp	*V. cracca* L. Vogelwicke	N 1825 Hb Kiel !	R 1890. Mehrf. 1958 !!	R 1890	KN 1895. 1955 !!	KN 1895. L 1938	G 1960 !!. Ha, H 1959. Ho 1925 !!
	ssp. *imbricata* GILIB.						
	v. *vulgaris* KOCH	Keitum 1953 !! Kampen, LDW 1953		Vielfach 1960 !!			
	v. *linearis* PETERM.	Keitum 1952 !!	Norddorf 1958 !!	PJ 1911			
	v. *sericea* PETERM.	Keitum 1952 !!		Boldixum, PJ 1911, 1960 !!			
	f. *alpestris* ČELAK.	Kampen, LDW 1953					
1821	*V. villosa* ROTH Zottelwicke	Mehrf. OSTERM 1906					
	v. *culta* A. u. G.	Westerland, PJ 1913		DNC 1925. K 1951			

	Artnamen	Sylt	Amrum	Föhr	Pellworm	Nordstrand	Halligen
1823 p	*V. sepium* L. Zaunwicke	Westerland, KOOPMANN 1936		Wyk, SP 1957, 1960 !!	BALZER br. Nordermühle 1955 !!		
1825 d	*V. lathyroides* L. Flattererbsen-Wicke	N 1825 Hb Kiel ! Westerland, M. KOOPMANN 1936. Kampen, O 1951	Steenodde, PJ 1913 Norddorf, LDW 1956				
1828 d	*V. sativa* L. Futterwicke		JESSEN n. SEEMEN 1899	KN 1895. 1960 !!			Ho 1925 !!
	ssp. *obovata* (SER.) GAUD.		1930 ff !!	H. SCHMIDT 1949. Wyk, SP 1957	Mehrf. 1955 !!		
	ssp. *angustifolia* (L.) GAUD.	SCH 1860. Mehrf. 1954 !!	SCH 1860. Norddorf 1954 !!	SCH 1860. Hfg. 1951 !!			
	v. *nigra* L.			Witsum, DNC 1925			
	f. *albiflora* LINDB.			Süderende, DNC 1925			
	sv. *arenivaga* A. u. G.			Witsum, DNC 1925			
	v. *segetalis* (THUILL.) SER.			Süderende, DNC 1925. Mehrf. 1960 !!			
	v. *cordifolia* BECK			Im Westen, DNC 1925. Borgsum, K 1951			
1838 d	*Lathyrus montanus* BERNH. Berg-Platterbse	Mehrf. KN 1895. VOGELER n. DNC 1928		PETERS 1825			
	v. *typicus* A. u. G.						
	f. *divaricatus* (LAP.) BECK	Wenningstedt 1953 !!					
	v. *tenuifolius* (WILLD.) GARCKE	Mehrf. KN 1895					

1841 d	*L. maritimus* BIG. Strand-Platterbse	CAMERER 1762 n. KN 1890. BARGUM 1812 Hb Kiel ! Kliffende, LDW 1953	SCH 1860. 1911 ff !! Wittdün hfg., LDW 1956	PETERS 1825. FRÖLICH 1825. Öfters !!			
	ssp. *glabrum* (SER.) REG. f. *acutifolius* BAB.	Hörnum 1953 !!					
1842 d	*L. pratensis* L. Wiesen-Platterbse	KN 1895. Oft 1952 !!	Am Deich, FEUERSTEIN 1914 br. HELM. Slt. 1930—58 !!	SCH 1860.	KN 1895. BALZER 1951 br.	KN 1895. 1958 !!	Ho 1949 !!
	v. *pubescens* RCHB.		Norddorf 1958 !!	K 1951, Wyk 1960 !!			
	v. *velutinus* DC.	Keitum 1952 !!	Norddorf 1958 !!				
	v. *glabrescens* BECK			K 1951. Boldixum 1960 !!			
1843	*L. aphaca* L. Ranken-Platterbse	Westerland, LUDW. KOOPMANN 1949		PETERS 1825			
1845	*L. silvester* L. Wald-Platterbse	SCHOLZ 1960		Nieblum, DNC 1925. Lau- rentiuskirche, ARFSTEN u. !! 1951			
	v. *oblongus* SER.			Nieblum, DNC 1925, K 1952			
1855	*Oxalis acetosella* L. Sauerklee	1952 !!					
1863	*Geranium sanguineum* L. Blutroter Storchschnabel			Kirchhof Nieblum 1919 !! Kirchhof Laurentius, DNC 1925, K 1951			
1865	*G. dissectum* L. Schlitzblättriger Storch- schnabel			Mehrf. DNC 1925. K 1952	L 1936	P 1925 ! L 1938	
	f. *typicum* KNUTH			Wyk 1960 !!	Gr. Nor- derkoog 1955 !!	Norder- hafen 1960 !!	

	Artnamen	Sylt	Amrum	Föhr	Pellworm	Nordstrand	Halligen
1869	*G. pusillum* L. Kleiner Storchschnabel	KN 1890. Mehrf. 1952 !!	KN 1895. Norddorf 1958 !!	KN 1895. K 1951. Wyk 1960 !!	KN 1895. 1956 !!	KN 1895	
1870 d	*G. molle* L. Weicher Storchschnabel	KN 1890. 1953 !!	SCH 1860. 1930 ff !!	SCH 1860. K 1951 Wyk 1960 !!	L 1936. Slt. 1955 !!	H 1955	
1874 dp	*G. robertianum* L. Ruprechtskraut	M. KOOPMANN 1936	Wittdün, RA 1947	Mehrf. K 1951	H 1959		
1875 dp	*Erodium cicutarium* (L.) L'HER. Reiherschnabel v. *pimpinellifolium* (CAV.) SM. f. *viscosum* KITTEL v. *immaculatum* KOCH	SCH 1860 Wenningstedt 1953 !! KN 1890. Vielf. !!	SCH 1860 Zw. Nebel u. Norddorf 1954 !! Nebel, LDW 1956 Hfg. 1954 !!	FRÖLICH 1839 Mehrf. K 1951. 1960 !! 1919 !! Nieblum 1919 !! K 1951			
1877 d	*Linum catharticum* L. Purgierlein	Hörnum u. Kampen, LDW 1953		SCH 1860. 1919 !!			
1886 d	*Radiola linoides* ROTH Zwerglein	SCH 1860. Mehrf. 1952 !!	SCH 1860. Norddorf 1930 !!	SCH 1860. Flugplatz, K 1951		P 1924	
1894 p	*Polygala vulgaris* L. Wiesen-Kreuzblume ssp. *eu-vulgaris* SYM. v. *typica* BECK v. *dunensis* BUCH. v. *oxyptera* DETH.	SCH 1860. Mehrf. 1952 !! HEGI V, 1	Zw. Nebel u. Norddorf, R 1890 1930 ff !! Norddorf 1958 !! HEGI V, 1	 Südstraße 1951 !! HEGI V, 1. K 1951 Südstraße, K 1952			
1913	*Euphorbia helioscopia* L. Sonnen-Wolfsmilch	R 1890. N. s. 1952 !!	R 1890. Norddorf 1954 !! Nebel 1958 !!	SCH 1860. Oft !!	KN 1895. 1955 !!	KN 1895. Norder-hafen 1958 !!	Alle bewohnten Halligen, KN 1895, !!
1925	*Eu. peplus* L. Kleine Wolfsmilch	KN 1895. Mehrf. 1952 !!	R 1890. Nebel, LDW 1956	PETERS 1825. Hfg. !!	KN 1895. 1955 !!	KN 1895. 1958 !!	Alle bewohnten Halligen, KN 1895, !!
1927 d	*Callitriche hermaphroditica* JUSL. Herbst-Wasserstern	List 1953 !!	Norddorf, PJ 1913	DNC 1925. 1951 !!			

1928 dp	*C. stagnalis* SCOP. Teich-Wasserstern	Mehrf. 1952 !! Wenningstedt, LDW 1953	SCH 1860	SCH 1860. Mehrf. K 1952			
1930 p	*C. polymorpha* LOENNR. Vielgestaltiger Wasser- stern	Morsum 1952 !!	1954 !!	Boldixum 1951 !!	Schütting 1956 !!		
1931 p	*C. palustris* L. Frühlings-Wasserstern	R 1890. Westerland 1928 Rantum, VOGELER n. DNC 1928	Alte Vogelkoje, 1930 !!	SCH 1860. K 1952. 1960 !!			
1932 p	*C. hamulata* KÜTZ. Haken-Wasserstern	Mövenberg 1953 !!	1954 !!				
	C. spec.			Boldixum 1960 !!	1955 !!	1958 !!	
1934 d	*Empetrum nigrum* L. Krähenbeere	SCH 1860. Hfg. 1952 !!	SCH 1860. Hfg. 1911 ff !!	KN 1895. Mehrf. 1911—1960 !!			
1939	*Euonymus europaeus* L. Pfaffenhütlein	RA 1950. Lornsenhain 1952 !!					
1945	*Acer pseudoplatanus* L. Bergahorn	Lornsenhain 1952 !! Keitum 1952 !!	Vogelkoje 1954 !!	Wyk, K 1952			
1946	*A. platanoides* L. Spitzahorn	Lornsenhain 1952 !!					
1958	*Rhamnus frangula* L. Faulbaum	Vogelkoje 1952 !!					
1971	*Malva alcea* L. Siegmarswurz v. *fastigiata* CAV.			Südstrand, BRANDES n. DNC 1928			
1972	*M. moschata* L. Moschusmalve	Keitum, KN 1895. 1952 !!		Goting 1911 !! Mehrf. K 1951			
1973	*M. silvestris* L. Wilde Malve v. *hispidula* BECK	KN 1895	KN 1895. Norddorf 1930 !!	KN 1895. Mehrf. SP 1957	KN 1895. L 1936	KN 1895 P 1924	L, SP 1959 L 1960 !!

	Artnamen	Sylt	Amrum	Föhr	Pellworm	Nordstrand	Halligen
1974	*M. neglecta* WALLR. Wegmalve	Braderup, R 1890. Kampen. LDW 1952	SCH 1860. Norddorf 1932 !! Süddorf, LDW 1956	SCH 1860. Mehrf. K 1951	KN 1895. Siel 1956 !!	KN 1895. L 1938	Ho 1925 !! L u. O 1934 !!
	v. *typica* BECK	Mehrf. 1952 !!	Nebel 1958 !!	Wyk 1960 !!	Schütting 1956 !!	Norder- hafen 1958 !!	O 1960 !!
1975	*M. pusilla* WITH. Nordische Malve	List u. Keitum, OSTERM 1906			Mehrf. 1956 !!	FB 1876	Ho 1960 !! O 1960 !!
1978 d	*Hypericum humifusum* L. Liegendes Johanniskraut	SCH 1860	SCH 1860	SCH 1860. Mehrf. K 1951			
1980 d	*H. maculatum* CR. Kanten-Johanniskraut	Braderup, SCHEEL 1951 ! Vielf. LDW 1953		Im Westen, K 1951			
1983 d	*H. pulchrum* L. Schönes Johanniskraut	KN 1890. Kampen, LDW 1953	Zw. Nebel u. Norddorf, R 1890	SCH 1860			
1985 p	*H. perforatum* L. v. *vulgare* NEILR. v. *latifolia* KOCH Tüpfel-Johanniskraut	SCH 1860 Mehrf. 1953 !!	SCH 1860 1930 ff !! Mehrf. LDW 1956	SCH 1860 K 1951 Oft 1960 !!		P 1924	
1998 p	*Viola tricolor* L. Stiefmütterchen	SCH 1860	SCH 1860	PETERS 1825	L 1936	P 1924	
	ssp. *arvensis* MURR.	KN 1895	SCH 1860. Nebel 1930 !!	SCH 1860 K 1951			
	v. *agrestis* (JORD.) GREN.		Norddorf 1958 !!	Wyk 1960 !!			
	ssp. *eu-tricolor* SYM.			DNC 1925			
	v. *genuina* (WITTR.) BLYTT	S. hfg. 1953 !!	S. hfg. 1942 !!	S. hfg. 1951 !!			
	v. *maritima* SCHWEIGG.	N. s. !!	N. s. 1958 !!	Nieblum 1911 !!			
2004 p	*V. canina* L. Hundsveilchen	SCH 1860. Keitum 1952 !!	SCH 1860. 1930 !!	SCH 1860. Südstrand 1914 !! Flugplatz 1951 !!			
	ssp. *reichenbachii* KIRSCHL.						
	v. *sabulosa* RCHB.	Wenningstedt, VOGELER n. DNC 1928					
	v. *lucorum* RCHB.	Kampen, LDW 1953					

	v. *ericetorum* (SCH.) RCHB. f. *dunensis* BECKER	N 1825 Hb Kiel ! Wenningstedt 1953 !! KN 1895. Kampen, LDW 1953	KN 1895	KN 1895. Süd- strand 1927—60 !!		
2009 p	*V. palustris* L. Sumpf-Veilchen f. *sphagnophila* MURB.	SCH 1860 Mehrf. 1953 !!	R 1890 Mehrf. 1930 ff !!	SCH 1860 Hfg. K 1951		P 1924
2014 p	*V. riviniana* RCHB. Rivins Veilchen		Steenodde 1930 !!			
2022	*V. odorata* L. Wohlriechendes Veilchen			PETERS 1825. Nieblum, OSTERM 1906	KN 1895. Alte Kirche 1956 !!	Odenbüll Kirche 1958 !!
2029	*Hippophae rhamnoides* L. Sanddorn	RA 1950 Zwischen Keitum u. Westerland. gepfl. 1954 !!				
2032 d	*Peplis portula* L. Bachburgel	N 1825 Hb Kiel ! List 1952 !! Wenning- stedt, LDW 1953	SCH 1860. Vogelkoje 1954 !!	SCH 1860. Mehrf. PJ 1911 Oldsum, SP 1959		
2035 p	*Lythrum salicaria* L. v. *vulgaris* DC. sv. *glabricaule* KÖHNE Blutweiderich	K 1890. Mehrf. 1952 !!	SCH 1860. 1930 !! Südl. Leucht- turm 1954 !!	SCH 1860. Hfg. !!	N. s. 1955 !!	L 1938 P 1925 !
2038 p	*Epilobium angustifolium* L. Schmalblättriges Weidenröschen	OESTERM 1906. 1952 !!	Mehrf. 1930 ff !!	PJ 1911. K 1951. Wyk 1960 !!		
2041	*E. hirsutum* L.			Im Westen, K 1952		P 1924. H 1955
p	v. *villosum* HAUSSKN. Rauhes Weidenröschen	Rantumbecken 1952 !!	Mehrf. !!		Mehrf. 1956 !!	Mehrf. 1958 !!
2042 p	*E. parviflorum* SCHR. Kleinblütiges Weidenröschen	RA 1950. Mörderkuhle 1953 !!				P 1924
	v. *apricum* HAUSSKN.				Ndl. Leucht- turm 1956 !!	Mehrf. 1958 !!

	Artnamen	Sylt	Amrum	Föhr	Pellworm	Nordstrand	Halligen
2043 p	*E. montanum* L. Berg-Weidenröschen	Nösse, HERMANN 1942		SCH 1860	Vogelkoje 1955 !!	Vogelkoje bei Wester-deich 1958 !!	
2047 p	*E. roseum* SCHREB. Rosenrotes Weiden-röschen	KN 1890			Neue Kirche 1956 !!		
2049 p	*E. palustre* L. Sumpf-Weidenröschen	SCH 1860. Mehrf. 1953 !!	Mehrf. PJ 1913. Wittdün 1954 !!	SCH 1860. Keitum 1952 !!	Waldhuse-ner Tief 1955 !!	H 1955	
2050 p	*E. tetragonum* L. Kantiges Weidenröschen	KN 1890. Mehrf. 1953 !!	Vogelkoje, HELM br. 1930 !!	O 1940. Mehrf. 1951 !!	Mehrf. 1956 !!	L 1938. 1958 !!	
2051 ?	*E. lamyi* F. SCH. Graugrünes Weiden-röschen	List, Keitum u. Hörnum !!	Mehrf. 1954 !!	Mehrf. 1951 !!	Mehrf. 1956 !!		
2052 p	*E. obscurum* SCHREB. Dunkelgrünes Weiden-röschen v. *gillottii* (LEVL.) THELL. v. *strictifolium* HAUSSKN.	Mörderkuhle 1952 !!	Wittdün, LDW 1956 Östl. Vogelkoje 1954 !! Norddorf 1958 !!	Nieblum, KN 1895		N n. Kn 1895	
2056	*Oenothera biennis* L. Nachtkerze	Keitum, SP 1949. Wenningstedt 1953 !!	Norddorf, BU 1887. Nebel 1930 !!	SCH 1860			
—	*Oe. muricata* L. Mauer-Nachtkerze			Hedehusum, DNC 1925. ?			
—	*Oe. ammophila* FOCKE Strand-Nachtkerze		1930 !! Mehrf. LDW 1956	1914 ff !! Süd-strand, SP 1957			
2061 p	*Myriophyllum verticilla-tum* L. Quirliges Tausendblatt			ARFSTEN n. FB 1876. K 1952		L 1938	
2062 p	*M. spicatum* DC. Ähriges Tausendblatt	Westerland, OSTERM 1906		FRIES 1949 ! Mehrf. K 1952	L 1936. 1956 !!	H 1955. Alter Koog 1958 !!	

2063 p	*M.alterniflorum* DC. Wechselblütiges Tausendblatt		SCH 1860	SCH 1860. Wyk, BRANDES n. DNC 1928			
2064 p	*Hippuris vulgaris* L. Tannenwedel	SCH 1860. Mehrf. PJ 1913. List, WOLF 1946 n. O, SP 1949		SCH 1860. K 1952	KN 1895. 1955 !!	KN 1895. Alter Koog 1958 !!	
2065	*Hedera helix* L. Efeu	Lornsenhain 1952 !!	Gepfl. 1954 !!	K 1951. Süd- strand, SP 1957			
2066 p	*Hydrocotyle vulgaris* L. Wassernabel	SCH 1860. Oft 1952 !!	BU 1887. 1930 ff !!	SCH 1860. Hfg. !!			
2072 d	*Eryngium maritimum* L. Stranddistel	SCH 1860. List u. Hörnum 1952 !!	SCH 1860. Nord- dorf, PJ 1913, Dünen westl. Nebel E. SCHWARZ 1954	SCH 1860. 1951 !!			
2076 d	*Chaerophyllum temulum* L. Betäubender Kälberkropf	Keitum 1952 !!		FB 1876. Mehrf. SP 1957			
2081 d	*Anthriscus silvestris* (L.) HOFFM. Waldkerbel f. latisectum (DRUCE) HOFFM. cb. f. *glabrescens* (SCHUR) THELL.	HANSEN n. KN 1890. Mehrf. 1952 !!	Nebel 1954 (eine Pflanze) !!	Wyk 1960 !!	Neue Kirche 1956 !!	Pohns- halligkoog 1958 !!	
2084 d	*A. scandicina* (WEB.) MANSF. Heckenkerbel	Mehrf. FB 1876, 1952 !!	R 1890. Vogelkoje 1954 u. 58 !!	R 1890. Mehrf. K 1951			
2087 d	*Torilis japonica* DC. Hecken-Borstendolde	Westerland, JAAP. Keitum 1955 !!		Wyk, KN 1895. K 1952. SP 1959	1955 !! H 1959	Süder- hafen 1959 !!	L, L 1934

	Artnamen	Sylt	Amrum	Föhr	Pellworm	Nordstrand	Halligen
2089 d	*Torilis nodosa* (L.) GAERTN. Knotige Borstendolde	List, ERICHSEN 1908 n. Verh. Bot. Ver. Hamburg 1923		Deich nördl. Wyk 1927 !!		L 1938. H 1955	L !!
	f. *subsessilis* (O. K.) THELL.				Mehrf. 1955 u. 56 !!		
2090	*Caucalis daucoides* L. Haftdolde		Vogelkoje, ALBERS 1914 n. HELM br. 1930				
2096	*Conium maculatum* L. Gefleckter Schierling	SCH 1860	SCH 1860. Nebel u. Süddorf, LDW 1956	PETERS 1825	KN 1895		Ho, KN 1895
	v. *typicum* POSP.	Keitum 1952 !!	Norddorf 1930 !! Nebel 1958 !!	Mehrf. 1914 ff !!	1955 !!		
2103 d	*Bupleurum tenuissimum* L.	SCH 1860.	HELM br.	SCH 1860.		N n. HORN	
	Feines Hasenohr ssp. *eu-tenuissimum* WOLFF	Westerland, DNC 1928		Witsum, K 1952		1835	
	v. *salinum* FRIES f. *longibracteatum* WOLFF		1930 ff !!		Hooger Fähre 1956 !!		
2109	*Apium graveolens* L. Sellerie	Hospiz I 1958 !!		HORN 1821. K 1952			
2110	*A. nodiflorum* (L.) LAG. Knotiger Scheiberich			ARFSTEN n. FB 1876. Irrtum			
2111 d	*A. inundatum* (L.) RCHB. Schwimmender Scheiberich	List, SCH 1860. Mehrf. 1952 !!	BU 1887. Norddorf 1930 !! Mehrf. 1958 !!	SCH 1860. Mehrf. 1951 !! K 1952			
2113 dp	*Cicuta virosa* L. Wasserschierling			PETERS 1825. Mehrf. K 1951			
2116 d	*Carum carvi* L. Kümmel	OSTERM 1906	Steenodde, PJ 1915. Norddorf 1954 u. 58 !! Nebel 1930 !!	KN 1895. Mehrf. K 1951. 1960 !!	KN 1895. 1955 !!	KN 1895. 1958 !!	G 1960 !! Ha 1930 !! L 1960, No !!, O 1960 !!

2118	*Bunium bulbocastanum* L. Erdknolle	Zw. Keitum u. Munkmarsch 1952 !!					
2120 dp	*Pimpinella saxifraga* L. Bibernelle	CAMERER 1762 n. KN 1890. Mehrf. 1952 !!	BU 1887	SCH 1860. Nieblum 1911 !! K 1951	H 1959		
	ssp. *eu-saxifraga* THELL. v. *dissecta* (RETZ.) SPRENGEL	SCH 1860. Hfg. 1953 !!	Nebel 1958 !! SCH 1860. 1954 !!	SCH 1860. KN 1895			
	sv. *pubescens* M. u. K.		Zw. Nebel u. Steenodde, PJ 1913	Wyk 1960 !!			
2122 p	*Aegopodium podagraria* L. Geißfuß	Keitum, VOGELER n. DNC 1928, 1952 !!	Nebel u. Nord- dorf 1954 u. 58 !!	R 1890. Mehrf. 1960 !!	KN 1895. 1955 !!	Mehrf. 1958 !!	L 1960 !! Ho, KN 1895, 1960 !! O 1960 !!
2123 d	*Sium erectum* HUDS. Berle			PJ 1911. K 1951			
2124 d	*S. latifolium* L. Merk	SCH 1860		BU n. KN 1895. Alkersum, SP 1959			
2136 d	*Oenanthe aquatica* (L.) POIR. Wasserfenchel	SCH 1860		PETERS 1828. Mehrf. K 1952, 1960 !!		L 1938	
2139	*Aethusa cynapium* L. Hundspetersilie	SCH 1860	JESSEN n. SEEMEN 1899	SCH 1860. DNC 1925			Ho, KN 1895, Sp 1956. L, L 1934
	v. *domestica* WALLR.	Mehrf. 1953 !!	Nebel 1930 !! LDW 1956	Oft 1960 !!	Mehrf. 1956 !!	Norder- hafen 1958 !!	
2146	*Cnidium dubium* THELL. Brennsaat			Hedehusum, SCH 1860. Irrtum			
2154 d	*Angelica archangelica* L. Erzengelwurz			Nieblum Strand 1911 !! † Witsum Strand 1911 !!			

	Artnamen	Sylt	Amrum	Föhr	Pellworm	Nordstrand	Halligen
2166	*Pastinaca sativa* L. Pastinake	HANSEN n. KN 1890					
2167	*Heracleum sphondylium* L. Bärenklaue			Nieblum, PJ 1911, SP 1957			
2177 d	*Daucus carota* L. Möhre	SCH 1860. 1952 !!	Zw. Nebel u. Norddorf 1930 ff !!	SCH 1860. Oft K u. !! 1951	BALZER 1951 br. 1955 !!	L 1939. Mehrf. 1958 !!	
2186	*Pirola rotundifolia* L. Rundblättriges Winter- grün			Im Westen 1951 !!			
2188	*P. minor* L. Kleines Wintergrün	Westerland, N 1825 Hb Kiel ! Mehrf. 1936 ff !!	KN 1890. Mehrf. WÖBBE u. !! 1954	Vogelkoje, SCH 1860. Im Westen, DNC 1925, K 1952			
	f. *serotina* ANDR.	Mörderkuhle 1952 !! †					
2197	*Andromeda polifolia* L. Gränke	HANSEN n. KN 1890. Irrtum					
2201 d	*Vaccinium myrtillus* L. Bickbeere	RA 1950. Morsumkliff 1952 !!					
2202 p	*V. uliginosum* L. Rauschbeere	SCH 1860. Öfters 1952 !!	SCH 1860. Öfters 1926 ff !!	KN 1895. Im Westen 1951 !!			
2203 d	*V. vitis-idaea* L. Preißelbeere		FB 1876 n. Herb. ARFSTEN. BU 1887: „Sicher falsch“.				
2204 dp	*V. oxycoccus* L. Moosbeere	SCH 1860. Hfg. 1952 !!	SCH 1860. Hfg. 1930 ff !!	SCH 1860. N. s. KN 1895			
2205	*V. macrocarpus* AIT. Große Moosbeere			Gr. Dunsum, SP 1959 Hb Kiel !			
2206 d	*Calluna vulgaris* (L.) HULL. Heide	SCH 1860	SCH 1860	PETERS 1825			
	v. *genuina* REGEL	Hfg. !!	Hfg. !!	Hfg. !!			

	v. *hirsuta* PRESL v. *erikae* GRAEBN.	OSTERM 1906. Mehrf. 1952 !! Mehrf. 1953 !!	PJ 1913. Slt. 1958 !! Mehrf. 1930 ff !!				
2207 d	*Erica tetralix* L. Glockenheide	SCH 1860. Vielf. !!	SCH 1860. Vielf. !!	SCH 1860. Vielf. !!			
2241 d	*Hottonia palustris* L. Wasserfeder		HELM br. 1930	SCH 1860. Oevenum-Koje, K 1951			
2243 p	*Lysimachia nummularia* L. Pfennigkraut	WEIDEMANN 1954 br.		KN 1895. K 1952	BALZER 1951 br.		
2245 p	*L. thyrsiflora* L. Straußblütiger Gilbweiderich	Mehrf. PJ 1913. Vogel- koje, WEIDEMANN 1947, 1952 !!					
2247 p	*L. vulgaris* L. Gemeiner Gilbweiderich	Zw. Keitum u. Archsum, KN 1890. Vogelkoje, VOGELER n. DNC 1928		SCH 1860. 1919 !! Verbr. K 1951			
2248 p	*Trientalis europaea* L. Siebenstern	Lornsenhain, R 1890, 1952 !! Vogelkoje, VO- GELER n. DNC 1928, 1952 !! Friesenhain, VOGELER n. DNC 1928	Heide ndl. Vogel- koje, WÖBBE u. !! 1958				
2249 p	*Glaux maritima* L. Strandmilche	SCH 1860. Hfg. 1952 !!	SCH 1860. Hfg. 1930 ff !!	SCH 1860. Hfg. 1911 ff !!	Hfg. KN 1895, 1955 !!	L 1939. 1958 !!	Alle Halligen !!
2250	*Anagallis arvensis* L. Gauchheil	SCH 1860	N 1825 Hb Kiel !	N 1825 Hb Kiel !	KN 1895. BALZER 1951 br.		Ho u. L L 1934
	ssp. *phoenicea* (SCOP.) VOLLM.	Wenningstedt, EBNER 1879. 1953 !!	PJ 1913. Slt. 1930 ff !!	1919 !! Verbr. K 1951			
2252 d	*Centunculus minimus* L. Kleinling	N 1825 Hb Kiel ! List u. Hörnum 1953 !!	Steenodde, BU 1887	Borgsum, SCH 1860. Zw. Borgsum u. Hedehusum, KN 1895		P 1924	
	f. *magna* F. V. MÜLLER f. *simplex* HORNEMANN	N n. KN 1895 N n. PRAHL 1890					

	Artnamen	Sylt	Amrum	Föhr	Pellworm	Nordstrand	Halligen
2254 p	*Limonium vulgare* MILL. Widerstoß. Bundesstave	SCH 1860. 1952 !!	HORN 1821. 1954 !!	SCH 1860. Verbr. K u. !! 1951	KN 1895. Am Hafen 1955 !!	N 1825 Hb Kiel ! KN 1895	Alle, KN 1895 !!
2255 d	*Armeria vulgaris* WILLD. Strandnelke	SCH 1860	SCH 1860	SCH 1860. K 1951 Hfg. SP 1957	KN 1895	KN 1895. L 1938	Alle, KN 1895 !!
	v. *maritima* MILL.	VOGELER n. DNC 1928	Slt. 1954 !!	1960 !!	1955 !!	1958 !!	L, SP 1957, 1960 !!, O, AHLEN-STIEL 1904 Hb Kiel !
	v. *intermedia* (MARSS.) WI. CHRI.	Mehrf. !!	So meistens !!	1960 !!	1955 !!	1958 !!	Ha 1930 !! Nm 1960 !!
	f. *ambifaria* FOCKE	Wenningstedt, VOGELER n. DNC 1928	Seltener 1954 !!				
	v. *elongata* (HOFFM.) PETRI		Nebel 1958 !!				
2263 p	*Menyanthes trifoliata* L. Fieberklee	Sdl. Nösse, KN 1895	Bei d. Vogelkoje, HELM 1930 br. WÖBBE 1955 !	PETERS 1825. Öfters 1951 !!			
2267 p	*Centaurium umbellatum* GIL. Echtes Tausendgülden-kraut	BU 1887. Nösse, O. Rantum 1953 !! Kampen, LDW 1953	KN 1895	KN 1895. Mehrf. K 1952			
2268 p	*C. vulgare* RAFN Schmales Tausendgüldenkraut	SCH 1860. Rantumbecken 1952 !!	FB 1876. Nebel 1954 !!	SCH 1860. K 1951			
	v. *capitatum* MEYER	Eidumer Vogelkoje, VOGELER n. DNC 1928, 1952 !!					
2269 p	*C. pulchellum* (SM.) DRUCE Kleines Tausendgülden-kraut	CAMERER 1762 n. KN 1890. Mehrf. 1953 !!	BU 1887. Nebel, LDW 1956	N 1825 Hb Kiel ! Zw. Witsum u. Hedehusum, K 1952	Junkers-koog 1956 !!	Trender-marsch 1958 !! Süder-hafen 1959 !!	Ho u. L, KN 1895, !! G 1936 !!
	v. *meyeri* BUNGE	Westerland, VOGELER n. DNC 1928					

2277 p	*Gentiana pneumonanthe* L. Lungenenzian	EBNER 1879. Morsum-Heide 1953 !!	SCH 1860. 1930 ff !!	N n. HORN 1835. Mehrf. 1914—51 !!			
2296	*G. campestris* L. Feldenzian	Wenningstedt, EBNER 1879. Süderende, VARGES 1934. ?					
2307 d	*Convolvulus sepium* L. Zaunwinde	Westerland, PJ 1913. Mehrf. 1952 !!		PETERS 1825. Mehrf. 1960 !!	1955 !!	KN 1895. Norder- hafen 1958 !!	Ho, L u. O 1960 !!
2308 d	*C. soldanella* L. Meerstrandswinde	Hörnum, Hannelore HANSEN 1949, O 1949, 1953 !!	J. SCHMIDT 1904 u. a. †				
2310 p	*C. arvensis* L. Ackerwinde	SCH 1960. Mehrf. 1952 !!	R 1890. Mehrf. 1930 ff !!	PETERS 1825. Mehrf. 1960 !!	Mehrf. 1955 !!	P 1924	Ho 1960 !!
2312 d	*Cuscuta epithymum* (L.) MURR Heideseide	OEDER in Flora danica 1770	SCH 1860	SCH 1860			
	ssp. *eu-epithymum* BEGER	Mehrf. 1952 !!	Mehrf. 1930 ff !!	Mehrf. 1914—51 !!			
2327	*Lappula myosotis* MOENCH Igelsame		Vogelkoje, ALBERS 1914 n. HELM br.				
2335	*Lithospermum arvense* L. Steinsame			PJ 1913 Herb. Wyk !			
2336 p	*Myosotis palustris* WITH. Sumpf-Vergißmeinnicht	Mehrf. KN 1895, 1952 !!	Vogelkoje 1954 !!	SCH 1860. N. s. K 1951, 1960 !!	BALZER 1951 br.	L 1939	
	v. *strigulosa* (RCHB.) M. u. K.	Wenningstedt 1953 !!					
— p	*M. caespitosa* SCHULTZ Rasiges Vergißmeinnicht	SCH 1860. Vogelkoje, O 1950		SCH 1860. Hfg. K 1951		L 1938	
2337	*M. silvatica* (EHRH.) HOFFM. Wald-Vergißmeinnicht				Vogelkoje 1955 !!		

	Artnamen	Sylt	Amrum	Föhr	Pellworm	Nordstrand	Halligen
2338 p	*M. arvensis* (L.) HILL. Acker-Vergißmeinnicht v. *agrestis* SCHL.	SCH 1860	Nebel 1954 !!	KN 1895. N. s. 1960 !! Oldsum, DNC 1925	KN 1895. 1955 !!	KN 1895. 1958 !!	
2339 p	*M. hispida* SCHL. Rauhes Vergißmeinnicht	Mehrf. OSTERM 1906	Vogelkoje, PJ 1913, 1930 !! Norddorf 1958 !!	Nieblum, KN 1895. Im We- sten, DNC 1925. Südstrand, SP 1957	KN 1895		
2340 p	*M. stricta* LK. Sand-Vergißmeinnicht	Bei der Vogelkoje, KN 1895	N. s. 1954 !!	BU 1887. K 1951			
2341	*M. versicolor* PERS. Buntes Vergißmeinnicht	Morsum 1952 !!	Mehrf. 1954 u. 58 !!	Mehrf. PJ 1911, 1951 !!			
2348	*Echium vulgare* L. Natternkopf	Westerland, ALPERS n. KN 1895, 1953 !! Mehrf. SP 1949	Süddorf, PJ 1913. Nebel 1927, HELM br. 1930. Norddorf 1954 !!				
2352	*Anchusa officinalis* L. Ochsenzunge	Hindenburgdamm, O 1936					
2355	*A. arvensis* (L.) M. B. Krummhals ssp. *occidentalis* (KUSN.) NORDH. f. *stricta* BOENN.	KN 1895. Mehrf. 1952 !! Mehrf. 1952 !!	KN 1895. Nebel, LDW 1950 Mehrf. 1954 !!	Hfg. KN 1895. K 1951 1960 !! 1960 !!	BALZER 1951 br.	P 1925 Hb Kiel !	
2367	*Symphytum asperum* LEPECH. Rauher Beinwell	Westerland, DNC 1928	Norddorf 1954 u. 58 !!			Norder- hafen 1958 !!	
2371	*Borago officinalis* L. Boretsch	ALPERS n. KN 1895		Wyk 1951 !!	MÄCKEL- MANN n. KN 1895 1955 !!		
2376 p	*Ajuga pyramidalis* L. Pyramidengünsel	Zw. Wenningstedt u. Braderup, O 1939					

2383 p	*Scutellaria galericulata* L. Helmkraut	Eidumer Vogelkoje, OSTERM 1906. Westerland 1953 !!	Ehemalige Rettungsstation, HELM br.				
2396 p	*Glechoma hederacea* L. Gundelrebe	Gartenunkraut WEIDEMANN 1954		SCH 1860. K 1951. SP 1957	BALZER 1951 br.	P 1925 Hb Kiel !	
2402 p	*Prunella vulgaris* L. Brunelle	SCH 1860. Mehrf. 1952 !!	R 1890. Mehrf. 1930 ff !!	SCH 1860. Hfg. !!	BALZER br. 1951. 1955 !!	P 1925 Hb Kiel ! L 1938	
2410	*Galeopsis tetrahit* L. Gemeiner Hohlzahn	Morsum, PJ 1913. Gr. Burgtal 1953 !!		KN 1895. Hfg. 1951 !!			
2411	*G. bifida* BOENN. Zweilappiger Hohlzahn			SCH 1860. Mehrf. DNC 1925	Öfters 1956 !!		
2412	*G. speciosa* MILLER Bunter Hohlzahn			Mehrf. K 1952			
2415 d	*Lamium album* L. Weiße Taubnessel	SCH 1860. M. KOOPMANN 1936		SCH 1860. Mehrf. 1960 !!	BALZER 1951 br. 1955 !!	P 1924	
2417	*L. purpureum* L. Bunte Taubnessel	SCH 1860. Keitum 1952 !!	KN 1895. Norddorf 1954 !!	R 1890. 1919—1960 !!	KN 1895. 1955 !!	KN 1895. P 1924 Pohns-halligkoog 1959 !!	G, RU 1955, 1960 !! Ha 1936 !! Ho, KN 1895, L 1934. O 1960 !!
2418	*L. amplexicaule* L. Stengelumfassende Taubnessel	SCH 1860. Mehrf. 1953 !!	R 1890. Norddorf 1954 !!	KN 1895. 1919—60 !!	KN 1895. 1955 !!	Pohns-halligkoog 1959 !!	G, RU 1955, 1960 !! Ho, KN 1895, 1960 !! L 1960 !! Nm 1960 !!
2419	*L. hybridum* VILL. em. GAMS Bastard-Taubnessel						
	ssp. *dissectum* (WITH.) GAMS	Mehrf. 1952 !!		1919 ff !!	Öfters 1956 !!	P 1925 Hb Kiel !	
	ssp. *intermedium* (FR.) GAMS			N n. KN 1895. DNC 1925			

	Artnamen	Sylt	Amrum	Föhr	Pellworm	Nordstrand	Halligen
2421	*Leonurus cardiaca* L. Herzgespann	SCH 1860		Boldixum 1927 !! Mehrf. SP 1957			
2425	*Stachys arvensis* L. Ackerziest	Keitum, ALPERS n. KN 1895. Westerland, M. KOOPMANN 1936		Mehrf. DNC 1925, 1926. 1960 !!			
2426 p	*St. palustris* L. Sumpf-Ziest	SCH 1860	R 1890. Mehrf. 1930 !!	SCH 1860. K 1951		P 1924. L 1939	G, RU 1955
	v. *segetum* (HAG.) SCHW.	Mehrf. PJ 1913, 1952 !!		Mehrf. 1951 !!	Mehrf. 1956 !!		
—	*St. palustris* x *silvatica*	Vogelkoje, KN 1895. VOGELER n. DNC 1928					
2451	*Satureja acinos* (L.) SCHEELE Steinquendel		Norddorf Bahnhof 1942 !! Nebel, EGGERS 1959				
2457 p	*Thymus serpyllum* L. Thymian	SCH 1860	SCH 1860	SCH 1860			
	ssp. *serpyllum* BRIQU. f. *lineatus* ENDL.	Hfg. !! Wenningstedt, EBNER 1879, 1953 !!	1930 ff !!	Hfg. !! Öfters 1950 !!			
	f. *ericoides* WIMM.	Öfters 1952 !!					
2472 d	*Lycopus europaeus* L. Wolfstrapp	Vogelkoje, KN 1890. Mehrf. 1952 !!	Vogelkoje, HELM 1925 br., 1954 !!	SCH 1860. K 1951. 1960 !!	N. s. 1955 !!	L 1938	
	v. *pubescens* BENTH.		Vogelkoje, LDW 1956	Mehrf. 1960 !!			
2475 dp	*Mentha arvensis* L. Ackerminze	KN 1895. Keitum 1952 !!	KN 1895. Vogel- koje, HELM 1930.	KN 1895. Mehrf. K 1951		Pohns- halligkoog 1959 !!	
2477 p	*M. aquatica* L. Wasserminze	NEUMANN n. KN 1895		SCH 1860. Hfg. K 1951, 1960 !!	Mehrf. 1955 !!		
	M. aquatica x *arvensis*		Vogelkoje, LDW 1956				

2491	*Lycium halimifolium* MILL. Bocksdorn	KN 1895. Mehrf. !!	KN 1895. Mehrf. 1954 !!	KN 1895. K 1951			
2495	*Hyoscyamus niger* L. Bilsenkraut	SCH 1860. Westerland, VOGELER n. DNC 1928 Keitum, SP 1949	Nebel Kirchhofmauer, KN 1895	PETERS 1825. Wyk, PJ 1911	KN 1895. Schule Alte Kirche 1956 !!		Ho 1925 !! L !!
2497 d	*Solanum dulcamara* L. Bittersüßer Nachtschatten	Vogelkoje, KN 1890. Westerland 1952 !!	1954 !!	PETERS 1825. Mehrf. K 1952	Mehrf. 1956 !!	Vogelkoje 1958 !!	
	f. *marinum* BAB.		1952 !!				
2498	*S. nigrum* L. Schwarzer Nachtschatten	SCH 1860. Mehrf. 1953 !!	KN 1895. Nebel 1930 !! LDW 1956	PETERS 1825. K 1951. 1960 !!	KN 1895.	Norderhafen 1958 !! Pohnshalligkoog 1959 !!	Nm 1960 !! O 1960 !!
2502	*Datura stramonium* L. Stechapfel		Norddorf, PJ 1913. Ehemal. Rettungsstation, HELM 1926 br.	Wyk, SCH 1860. Nieblum, HEIMS n. DNC 1925			
2509	*Verbascum nigrum* L. Schwarze Königskerze	SCH 1860		Wyk, WÖBBE u. !! 1951			
2517	*V. thapsus* L. Echte Königskerze			ARFSTEN n. FB 1876. Witsum, K 1951			
2525 d	*Linaria vulgaris* MILL. Frauenflachs	SCH 1860. Oft 1952 !!	SCH 1860. 1930 ff !!	SCH 1860. Mehrf. K 1951	KN 1895. Alte Kirche 1956 !!	KN 1895	
	v. *perglandulosa* ROHL.			DNC 1925			
	v. *glabra* PETERM.			Wyk 1960 !!			
2527	*L. cymbalaria* (L.) MILL. Zymbelkraut	Morsum, O 1936. Keitum 1952 !!					
2535 p	*Scrophularia* nodosa L. Braunwurz	Keitum, HÜNERBEIN 1953. Urwüchsig ?					

	Artnamen	Sylt	Amrum	Föhr	Pellworm	Nordstrand	Halligen
2542 p	*Limosella aquatica* L. Schlammling	Westerland PJ 1913. Boakental, VOGELER n. DNC 1928		Nieblum, SCH 1860. DNC 1925. Utersum, TIMM 1924 u. 25			
2553 dp	*Veronica serpyllifolia* L. Quendelblättriger Ehrenpreis	KN 1895. Mehrf. 1952 !!	SCH 1860	SCH 1860. 1951 !!	MÄCKEL-MANN n. KN 1895 1955 !!		L 1960 !!
2557 d	*V. arvensis* L. Feld-Ehrenpreis	SCH 1860. Kampen, O 1940	Mehrf. PJ 1913, 1930 !!	SCH 1860. Mehrf. 1951 !!	1955 !!		
2561	*V. persica* POIR. Persischer Ehrenpreis	Rantum, VOGELER n. DNC 1928. Mehrf. 1952 !!		Süderende, K u. !! 1951 Öfters 1960 !!	Öfters 1956 !!	Mehrf. 1958 !!	G, Ho u. O 1960 !!
2563	*V. agrestis* L. Acker-Ehrenpreis	SCH 1860. Westerland, KN 1895		SCH 1860. Wyk 1950—1960 !! Oevenum, K 1951. Nieblum, SP 1957	MÄCKEL-MANN n. KN 1895. 1956 !!		Ho 1925 !!
2564	*V. opaca* L. Glanzloser Ehrenpreis	List, VOGELER n. DNC 1928					
2565	*V. hederifolia* L. Efeublättriger Ehrenpreis					L 1939	
2569 dp	*V. officinalis* L. Echter Ehrenpreis	Oft, BU 1887, 1952 !!	BU 1887. Hfg. 1930 ff !!	PETERS 1825. Mehrf. K 1952			
2571 p	*V. chamaedrys* L. Gamander-Ehrenpreis	SCH 1860	Vogelkoje, HELM 1930 br.	SCH 1860. Mehrf. SP 1957	BALZER 1951 br. Alte Kirche 1956 !!		
2574 d	*V. scutellata* L. Schild-Ehrenpreis f. *pilosa* VAHL	KN 1895. Wenningstedt 1953 !! SCH 1860 als f. *villosa*	R 1890. Vogelkoje, PJ 1913	Mehrf. K 1952 SCH 1860 als f. *villosa*			
2576	*V. anagallis-aquatica* L. Wasser-Ehrenpreis	HANSEN n. KN 1890. Irrtum ?					

2597 d	*Odontites rubra* (BG.) HYL. Zahntrost	KN 1895	KN 1895	SCH 1860			L, KN 1895
	ssp. *littoralis* (FRIES) SCHWARZ	SCH 1860. 1952 !!	SCH 1860. 1930 ff !!	SCH 1860. K 1951		L 1938	G, RU 1955. Ho 1951 !! L, KN 1895, 1960 !!
	ssp. *serotina* HAYEK ssp. *verna* (BELL.) VOLLM.	Morsum-Heide 1953 !!	FB 1876	DNC 1925 ARFSTEN n. FB 1876. 1951 !!	1956 !!	H 1955	
2599 p	*Euphrasia stricta* HOST[1]) Echter Augentrost	EBNER 1879. OSTERM 1906	KN 1895	SCH 1860. DNC 1925	Holzlager am Siel 1956 !!		
2601 p	*Eu. curta* FRIES Kleinblütiger Augentrost	OSTERM 1906	Oft 1930 ff !!	N. s. PJ 1911, K 1951		L 1938	
	ssp. *eu-curta* FRIES v. *glabrescens* WETTST.	Keitum 1952 !!	Alte Vogelkoje 1954 !! LDW 1956				
	v. *typica* WI. CHRI.	Hfg. !!		N. s. 1951 !!			
	f. *imbricata* DC.			N. s. PJ 1911			
	ssp. *coerulea* (TAUSCH) WETTST.		Norddorf 1958 !!				
2604 ?	*Eu. gracilis* FRIES Schlanker Augentrost	OSTERM 1906	PJ 1913	PJ 1911. K 1951			
2619 d	*Rhinanthus serotinus* (SCHÖNH.) SCH. u. TH. Großer Klappertopf	R 1890	SCH 1860	SCH 1860.	1955 !!		G 1936 !! No !!
	ssp. *vernalis* (ZING.) HYL.	Mehrf. 1952 !!	Mehrf. 1942 !!	DNC 1925. Mehrf. 1960 !!		P 1925 Hb Kiel!	Ho 1949 !!
	ssp. *montanus* (SAUT.) HYL.	Mehrf. PJ 1913. 1953 !!					
	ssp. *agrarius* SEMLER			DNC 1928			
2623 d	*Rh. minor* EHRH. Kleiner Klappertopf	R 1890	KN 1895	SCH 1860			
	ssp. *eu-minor* WETTST.	Mehrf. 1952 !!	Mehrf. 1954 !!	DNC 1925. Mehrfach 1960 !!			
	ssp. *stenophyllus* (SCHUR) WETTST.			FRIES 1949 !. 1951 !!			

[1]) Die Angaben „*Euphrasia stricta*" (= *officinalis* HAYNE) außer Pellworm dürften sich auf *E. curta* beziehen.

	Artnamen	Sylt	Amrum	Föhr	Pellworm	Nordstrand	Halligen
2632 d	*Pedicularis palustris* L. Sumpf-Läusekraut	SCH 1860. Braderup, O 1936. List, LDW 1953. Vogelkoje, SP 1959	N 1825 Hb Kiel !	SCH 1860. K 1952			
	ssp. *eu-palustris* HILT.		Mehrf. 1954 !!				
2633 d	*P. silvatica* L. Wald-Läusekraut	Morsumkliff, R 1890. Mehrf. 1952 !!	SCH 1860. Norddorf, WÖBBE u. !! 1954. Nebel, LDW 1956	SCH 1860. Mehrf. DNC 1925. K 1951			
2668 p	*Pinguicula vulgaris* L. Fettkraut	Morsum-Heide, KN 1895, ASMUS 1952. Nach WEIDEMANN br. 1934 †	Norddorf, WÖBBE gepfl. 1957, 1958 !!	SCH 1860. Im Westen 1952 !!			
2670 p	*Utricularia vulgaris* L. Großer Wasserschlauch			SCH 1860. DNC 1925			
2671 p	*U. neglecta* LEHM. Übersehener Wasserschlauch			Im Westen 1950 !!			
2673 p	*U. minor* L. Kleiner Wasserschlauch			KN 1895. Mehrf. K 1951 u. 52			
2674 p	*U. intermedia* L. Mittlerer Wasserschlauch			KN 1895. ?			
2680 d	*Plantago major* L. Großer Wegerich	SCH 1860	SCH 1860	PETERS 1825	KN 1895	KN 1895	Alle bewohnten Halligen, KN 1895
	ssp. *eu-major* PILGER	Oft 1952 !!	Oft 1930—58 !!	Oft 1911—60 !!		1958 !!	Alle bewohnten Halligen !!
	v. *intermedia* (GIL.) DECN.	Mehrf. 1953 !!					
	f. *minor* (GIL.) PILGER				1956 !!	1958 !!	
	v. *brachystachia* WALLR.	Westerland. VOGELER n. DNC 1928					
	ssp. *pleiosperma* PILGER	Keitum 1953 !!			1956 !!		
2681	*Pl. media* L. Mittlerer Wegerich						Ho, KN 1895

2682 d	*Pl. lanceolata* L. Spitzwegerich	SCH 1860	SCH 1860	PETERS 1825. Gemein 1911—60 !!	KN 1895	KN 1895. L 1938. 1958 !!	**G** 1960 !! Ho 1949 !!, SP 1959. L 1960 !!
	v. *sphaerostachya* (M. u. K.) PILGER	Mehrf. 1952 !!	Öfters 1958 !!		1956 !!		
	v. *lanuginosa* M. u. K.	Westerland, VOGELER Jb. Natw. Ver. Altona 1934		PJ 1913. Südstrand 1919 !!			
	f. *eriophylla* DE CAINE	Munkmarsch, PJ 1913					
2686 d	*Pl. coronopus* L. Krähenfußwegerich	SCH 1860. Mehrf. 1952 !!	SCH 1860. KN 1895. 1930 ff !!	SCH 1860. Mehrf. 1951—1960 !!	KN 1895. 1955 !!	KN 1895. 1958 !!	G 1960 !! Ho 1925 !!, SP 1959. L 1930 u. 1960 !! No !!
2687 dp	*Pl. maritima* L. Strandwegerich	CAMERER 1762 n. KN 1890.	SCH 1860	PETERS 1825	KN 1895	KN 1895. 1958 !!	Alle, KN 1895. !!
	ssp. *pilosa* IV.	O 1946. Oft 1952 !!	Mehrf. 1954 !! Nebel, LDW 1956 !!	Wyk 1960 !! Goting Bruk 1926 !!	1956 !!		O 1960 !!
	ssp. *subglabra* IV.	Kampen, HIRTH 1953	Mehrf. HIRTH 1933, 1954 !!	Wyk 1960 !!	1955 !!	1960 !!	Ho 1925 !! L, Nm u. O 1960 !!
	v. *praecox* IV.	Keitum 1952 !!					
2692 p	*Littorella uniflora* (L.) ASCHERS. Strandling	BU 1887. Mehrf. 1952 !!	BU 1887. Alte Vogelkoje 1930 !!	SCH 1860. K 1951			
2693	*Sherardia arvensis* L. Ackerröte	SCH 1860		PJ 1913. K 1951	KN 1895	H 1955	
	f. *hirta* UECHTR.				Hooger Fähre 1956 !!		
2697	*Asperula odorata* L. Waldmeister	Vogelkoje, OSTERM 1906		Wyk, wohl Gartenflüchtling 1960 !!	Kirchhof Neue Kirche 1956 !!		

	Artnamen	Sylt	Amrum	Föhr	Pellworm	Nordstrand	Halligen
2705 p	*Galium mollugo* L. Gemeines Labkraut ssp. *mollugo* HAYEK ssp. *erectum* (HUDS.) BRIQ.	SCH 1860 Mehrf. 1952 !!	Mehrf. LDW 1956 Nebel, PJ 1913. Norddorf 1954 !!	Boldixum, KN 1895 Mehrf. DNC 1925. K 1952		H 1955	
2708 p	*G. verum* Scop. ssp. *eu-verum* HYL. v. *littorale* BREB. v. *asparagifolium* SCHUR. Echtes Labkraut	SCH 1860 ALPERS n. KN 1895. N. s. 1952 ff !! Mehrf. 1952 ff !!	SCH 1860 PJ 1913. Hfg. 1930 ff !!	SCH 1860 PJ 1911. Öfters 1919 ff !! Im Westen 1951 !!			L 1960 !!
—	*G. mollugo* x *verum*	Morsum, KN 1895. Mehrf. 1952 !!	Mehrf. 1954 !!	Mehrf. KN 1895, 1951 ff !!			
2709 p	*Galium pumilum* MURRAY Heide-Labkraut f. *supinum* KOCH	N 1825 Hb Kiel ! Mehrf. PJ 1913 KN 1895					
2711 p	*G. hercynicum* WEIGEL Stein-Labkraut	N 1825 Hb Kiel ! Öfters 1952 !!	R 1890. Öfters 1911—58 !!	SCH 1860. K 1951. Mehrf. 1960 !!			
2714 dp	*G. uliginosum* L. Moor-Labkraut			SCH 1860. K 1951. 1960 !!			
2715 p	*G. palustre* L. Sumpf-Labkraut ssp. *eu-palustre* HAYEK v. *caespitosum* G. MEIER	N 1825 Hb Kiel ! Mehrf. 1952 !! Mehrf. LDW 1956	R 1890. Mehrf. 1930—58 !! 1958 !!	SCH 1860 Wyk 1960 !! DNC 1925		P 1924	
2725 p	*G. aparine* L. Klebkraut f. *marinum* FRIES	R 1890	Mehrf. 1930—58 !! Westl. Nebel 1930 !!	R 1890. Hfg. K 1952, 1960 !!	KN 1895. Mehrf. 1955 !!	P 1924. 1958 !!	G 1960 !! Ho, KN 1895. L, L 1934
2730 p	*Sambucus nigra* L. Holunder	KN 1895. N. s. 1954 !!	SCH 1860. N. s. 1930—58 !!	PETERS 1825. N. s. !!	KN 1895. N. s. 1955 !!	KN 1895. 1958 !!	Alle außer No, KN 1895. !!

2733	*Viburnum opulus* L. Schneeball	Vogelkoje, O 1950. Lornsenhain 1952 !!		Vogelkoje 1951 !!			
2740	*Lonicera periclymenum* L. Geißblatt	Vogelkoje, OSTERM 1906, 1952 !! Lornsenhain 1952 !!	Mehrf. 1930 !! LDW 1956	K 1951			
2748	*Valerianella olitoria* (L.) MCH. Rapünzchen		Vor der Vogelkoje 1958 !!				
2765 d	*Succisa pratensis* MCH. Abbiß	SCH 1860. Hfg. 1952 !!	R 1890. Hfg. 1930—58 !!	SCH 1860. N. s. !!			
	f. *hispidula* PETERM.	Wenningstedt, VOGELER n. DNC 1928, 1952 !!					
	f. *incisa* ROTH	Wenningstedt, VOGELER n. DNC 1928, 1953 !!		Im Westen, DNC 1925			
2767 dp	*Knautia arvensis* (L.) COULT. Dickkopf	SCH 1860	SCH 1860	SCH 1860. Oft !!			
	f. *pratensis* (SCHM.) SZAB.	N. s. 1953 !!	Norddorf 1958 !!				
	f. *pinnata* SCHWARZ	Wenningstedt 1953 !!	Norddorf 1958 !!				
2776	*Bryonia alba* L. Weiße Zaunrübe	Wenningstedt u. Keitum, VOGELER n. DNC 1928, RA 1950					
2777	*Br. dioica* JACQ. Rotbeerige Zaunrübe	Westerland, PJ 1913, mehrf. 1953 !! Wenningstedt, LDW 1953					
2792	*Campanula rapunculoides* L. Acker-Glockenblume	SCH 1860. Mehrf. PJ 1913, 1952 !!	O 1936	Mehrf. KN 1895, K 1952	Neue Kirche 1956 !!		Ho 1949 !! 1960 !!
2798 p	*C. rotundifolia* L. Rundblättrige Glockenblume	SCH 1860. Oft 1952 !!	SCH 1860. Hfg. 1930—58 !!	SCH 1860. Hfg. 1911—60 !!			
	f. *velutina* DC.	Mehrf. PJ 1913	PJ 1913				
	f. *leneariifolia* (DUM.) HAY.	VOGELER n. DNC 1928					
	f. *stricta* SCHUM.			K 1951			

	Artnamen	Sylt	Amrum	Föhr	Pellworm	Nordstrand	Halligen
2828	*Wahlenbergia hederacea* (L.) RCHB. Moorglocke	HORN 1821. Irrtum s. PRAHL 1890.		HORN 1821. Irrtum			
2830 d	*Jasione montana* L. Bergnelke f. *littoralis* FRIES f. *hispida* BECK	SCH 1860 SCH 1860. Oft !!	SCH 1860 SCH 1860. Oft !!	SCH 1860 SCH 1860. Oft !! Hfg. DNC 1925, !!			
2835 d	*Solidago virgaurea* L. Goldrute	NEUMANN u. ALPERS n. KN 1895. Mehrf. 1953 !!					
2839 d	*Bellis perennis* L. Gänseblümchen	SCH 1860. N. s. 1952 !!	SCH 1860. N. s. 1930—52 !!	SCH 1860. Oft !!	KN 1895. Mehrf. 1955 !!	KN 1895. 1958 !!	G, Ho, L, O 1960 !!
2842 d	*Aster tripolium* L. Strandaster f. *discoideus* aut.	SCH 1860 N. s. 1952 !! Mehrf. !!	SCH 1860. N. s. 1930—58 !! KAUSCH u. PIEPER in Allg. Bot. Z. 1906. N. s. 1930—58 !!	SCH 1860. Oft !! Oft PJ 1911, !!	KN 1895. 1955 !! KN 1895. N. s. 1955 !!	KN 1895. 1958 !!	KN 1895. Alle !!
2853 d	*Erigeron acer* L. Berufkraut ssp. *typicus* NEUM.	N 1825 Hb Kiel ! Mehrf. 1952 !!	R 1890 Mehrf. 1930—58 !!	KN 1895. Nieblum, K 1952			
2861	*E. canadensis* L. Kanadisches Berufkraut	Bahndamm, O 1946. 1953 !!	Nebel 1954 !! Norddorf 1958 !!		BALZER 1951 br.		
2864 p	*Filago germanica* L. Deutsches Filzkraut v. *lutescens* (JORD.) GR. u. GO.	Hörnum, EBNER 1879 Mehrf. 1952 !! SCHMIDT 1957 !	 HERMANN 1938 ! Norddorf 1958 !!	 Mehrf. K 1951			
2866 p	*F. arvensis* L. Acker-Filzkraut	SCH 1860. Mehrf. zw. Kampen u. Vogelkoje, LDW 1953		SCH 1860			
2867 p	*F. minima* (SM.) PERS. Kleines Filzkraut	SCH 1860. Mehrf. 1952 !!	KN 1895. Mehrf. 1954 u. 58 !!	SCH 1860. S. hfg. K 1951, SP 1957			

2869 p	*Antennaria dioica* (L.) GAERTN. Katzenpfötchen	Wenningstedt, EBNER 1879. Kampen u. Morsum-kliff, FÖH 1935	SCH 1860. Mehrf. 1930 !!	KN 1895. K 1951		
	f. *discolor* (ROUY) BEAUV.	Mehrf. 1952 ff !!	Nahe Vogelkoje, WÖBBE und !! 1954 u. 1958	Borgsum, SP 1957		
2872 p	*Gnaphalium silvaticum* L. Wald-Ruhrkraut	SCH 1860	KN 1895. Steen-odde, LDW 1956	KN 1895		
	v. *typicum* SCHWARZ	Mehrf. 1952 ff !!	Mehrf. 1930 ff !!	Boldixum 1926 !! K 1951		
2877	*Gn. uliginosum* L. Sumpf-Ruhrkraut	SCH 1860. N. s. !!	R 1890. Nebel 1930 !!	SCH 1860		
d	v. *tomentosum* (HOFFM.) BECK	Mehrf. VOGELER n. DNC 1928	Kirchhof Nebel 1954 !! LDW 1956	Verbr. K 1951. Wyk 1960 !!	Mehrf. 1956 !!	
	v. *glabrum* WHLB.	Westerland, VOGELER n. DNC 1928		SCH 1860		
2885 p	*Inula britannica* L. Wiesenalant			Midlum, SCH 1860. Boldixum, K 1952 !		
	f. *villosa* WE. CHRI.	N 1825 Hb Kiel !				
2902 p	*Bidens tripartitus* L. Dreiteiliger Zweizahn	KN 1890. Mehrf. 1952 !!		SCH 1860. Hfg. K 1951. 1960 !!	Öfters 1955 !!	L 1938
2906	*B. cernuus* L. Nickender Zweizahn			PJ 1911. K 1951		L 1938
d	f. *radiatus* DC.			PJ 1911. K 1951		
	f. *discoideus* DC.	List, O 1947		DNC 1925. K 1952		
2908	*Galinsoga parviflora* CAV. Franzosenkraut	Rantum Bahn, VOGELER n. DNC 1928	Nebel. WÖBBE u. !! 1954	Wyk, O 1941. Öfters K 1952.		
	f. *subeglandulosa* TH.	Mehrf. 1952 !!		Wyk 1960 !!		
	v. *adenophora* THELL.	Westerland, NIKO-LEIZIG 1960 !?				
2909	*G. caracasana* (DC.) SCHULTZ Rauhes Franzosenkraut	O		Oldsum 1949 !! Wyk 1950 !! Mehrf. K 1952		

	Artnamen	Sylt	Amrum	Föhr	Pellworm	Nordstrand	Halligen
2910	*Anthemis tinctoria* L. Färber-Hundskamille			Süderende, DNC 1928		P 1924	
2914	*A. arvensis* L. Acker-Hundskamille	Leuchtturm, ALPERS n. KN 1895. Morsum 1952 !! LDW 1953	SCH 1860. Hfg. 1954 !!	SCH 1860. K 1951. Oft 1960 !!			
2916	*A. cotula* L. Stinkende Hundskamille	SCH 1860. Westerland, VOGELER n. DNC 1928	JESSEN n. SEEMEN 1899	„Hfg." PETERS 1825, Irrtum n. DNC 1925			
2924 d	*Achillea ptarmica* L. Sumpfgarbe	SCH 1860. Zw. Kampen u. Vogelkoje, LDW 1853. Morsum, WEIDEMANN 1954	GEYER 1934 Hb Kiel !	PETERS 1825. N. s. K u. !! 1951			
2928 p	*A. millefolium* L. Schafgarbe ssp. *eu-millefolium* HAY.	SCH 1860	SCH 1860	PETERS 1825	KN 1895	KN 1895	Ho, KN 1895
	f. *genuina* POSP.	Öfters 1953 !!	Öfters ff !!	Öfters 1919—1960 !!	Öfters 1955 !!	Öfters 1958 !!	G, Ho, L, So !!
	v. *contracta* SCHLEICH.	Mehrf. 1952 !!	PJ 1913. Mehrf. 1954 !!				
	ssp. *pannonica* (SCHEELE) HAYEK	List. N 1825 Hb Kiel ! als *A. setacea*		Goting 1919 !!			
2931	***Matricaria chamomilla*** **L.** Echte Kamille	R 1890. Mehrf. 1952 !!	SCH 1860. 1954 !!	PETERS 1825. Hfg. K 1951, 1960 !!	KN 1895. 1956 !!	KN 1895 1958 !!	L, SP 1959. O, H 1959, 1960 !! So, KN 1895
2932	*M. discoidea* DC. Strahllose Kamille	JAAP n. PJ 1913. Mehrf. 1953 !!	Norddorf 1930 ff !! Wittdün 1958 !!	Mehrf. 1925, 1960 !!	Mehrf. 1955 !!	L 1939. Mehrf. 1958 !!	G, RU 1955, 1960 !! Ho 1925 !!, SP 1956. L, SP 1957, 1960 !! O 1960 !! So 1926 !!

2933 dp	*M. maritima* L. Strandkamille ssp. *inodora* L.	R 1890. 1953 !!	Norddorf, KN 1895. 1930 ff !!	N 1825 Hb Kiel ! Oft 1951—1960 !!	BALZER br. 1955 !!	L 1939. 1958 !! 1960 !!	G, H 1959. Ho, KN 1895, 1960 !! Nm 1960 !!
	v. *salina* (RCHB.) LGE. ssp. *maritima* BLYTT[1])	1953 !!	1954 !!	Verbr. 1951 !!	1955 !!		
2935	*Chrysanthemum segetum* L. Saat-Wucherblume	SCH 1860. Morsum, ALPERS n. KN 1895	Norddorf 1914, HELM br. 1930 ff !!	Nach PETERS 1825 seit etwa 1765. Hfg. K 1951. 1960 !!			
2938 p	*Chr. leucanthemum* L. Weiße Wucherblume	SCH 1860. Mehrf. 1952 !!	Leuchtturm, PJ 1915.	PJ 1911. Mehrf. K 1951	KN 1895. 1955 !!	Mehrf. 1958 !!	
	v. *smithii* NEES	Morsum 1952 !!	Mehrf. 1958 !!	Boldixum 1956—1960 !!	Norder-koog 1956 !!	Norder-hafen 1958 !!	
2942 d	*Chr. vulgare* (L.) BERNH. Rainfarn	SCH 1860. 1952 !! vielf.	SCH 1860. 1930 ff !!	SCH 1860. Verbr. 1951—1960 !!	KN 1895 ! 1955 !!	Kn 1895. L 1938	
2943 d	*Cotula coronopifolia* L. Laugenblume			Hedehusum, K 1951			
2946 d	*Artemisia vulgaris* L. Beifuß v. *vulgatissima* BESSER	SCH 1860. Oft LDW 1953 Mehrf. 1952 !!	SCH 1860 1930 ff !! Nebel 1958 !!	SCH 1860. Hfg. K 1951 Mehrfach 1960 !!	KN 1895. 1955 !!	KN 1895. L 1936 Norder-hafen 1960 !!	Ho, KN 1895
	f. *flavescens* ROSTR.		Nebel LDW 1956				
2952	*A. absinthium* L. Wermut	HANSEN n. KN 1890. Mehrf. LDW 1953. Rantum SP 1957	Mehrf. PJ 1913. Norddorf 1930—58 !!	DNC 1925	KN 1895	KN 1895	
	f. *contracta* WE. CHRI.	List. VOGELER n. DNC 1928					

[1]) Das Vorkommen der ssp. maritima BLYTT auf den Nordfriesischen Inseln (angegeben von KNUTH) ist unwahrscheinlich.

	Artnamen	Sylt	Amrum	Föhr	Pellworm	Nordstrand	Halligen
2954 dp	*A. maritima* L. Strand-Beifuß ssp. *maritima* GAMS	SCH 1860 Mehrf. VOGELER n. DNC 1928	SCH 1860 Norddorf 1958 !!	SCH 1860. Oft K 1951 Mehrf. 1960 !!	KN 1895	KN 1895. L 1938 Vorland a. Hafen 1959 !!	Alle, Kn 1895. !! G, Ho, L, O 1960 !!
	v. *subgallica* ROUY	VOGELER n. DNC 1928		Midlum, DNC 1925			
	ssp. *salina* (WILLD.) GAMS				Junkers-hallig 1956 !!		
	v. *patens* NEILR.	Morsum 1953 !!		Hfg. DNC 1925. Goting-Bruk 1926 !!			
2955 dp	*A. campestris* L. Feld-Beifuß v. *genuina* GR. u. GO.	Wenningstedt 1953 !!					
2959 p	*Tussilago farfara* L. Huflattich	Wenningstedt, VOGE-LER n. DNC 1928. Mehrf. LDW 1953 Nössekoog, Straße, WEIDEMANN	Wittdün PJ 1915. Bahnhof Nord-dorf 1926 br. HELM. Norddorf 1954 u. 58 !!	SCH 1860. N. s. K 1951	KN 1895. 1955 !!	KN 1895. 1958 !!	
2960	*Petasites officinalis* MOENCH Pestwurz			SCH 1860: „F ?" Alkersum 1911 ff !! SP 1957	1956 !!		Ho, KN 1895
2969 p	*Arnica montana* L. Wollblume	HORN 1821. Öfters 1922 !!	KN 1895. Höchst selten, HELM br.	HORN 1821. Selten K 1951			
2993 p	*Senecio erucifolius* L. Raukenblättriges Greiskraut	HANSEN n. KN 1890				N 1825 Hb Kiel ! L 1939. H 1955	
2994 p	*S. jacobaea* L. Jakobs-Greiskraut	SCH 1860. Eidumer Vogelkoje, KN 1895. Tinnum, PJ 1913		WÖBBE 1951. Flugplatz 1951 !!			
	f. *typicus* BECK	Wennningstedt 1953 !!					
2995 p	*S. aquaticus* HUDS. Wasser-Greiskraut	SCH 1860. Irrtum ?					

2998	*S. vernalis* W. u. K. Frühlings-Greiskraut	Keitum 1952 !!	1942 !!				
2999 p	*S. vulgaris* L. Stolzer Heinrich	SCH 1860	SCH 1860	Sch 1860	KN 1895	KN 1895	Ho, KN 1895
	v. *typicus* FIORI			Gemein, K u. !! 1951	Oft 1955 !!	Mehrf. 1958 !!	G, Ha, Ho, L, Nm, O !!
	f. *littoralis* MORT.	Mehrf. 1953 !!	Mehrf. 1942 !!				
	f. *radiatus* KOCH	LANGE 1886	JESSEN n. SEEMEN 1899 als f. *radicans*				
	v. *dunensis* KNUTH	KN 1895. PJ 1913					
3000	*S. viscosus* L. Klebriges Greiskraut	Oft 1928 ff !!	Oft 1930 ff !!	Südstrand 1960 !!			
3001 p	*S. silvaticus* L. Wald-Greiskraut	N 1825 Hb Kiel ! RA 1950. Kampen, LDW 1953	SCH 1860 Hfg. 1930—58 !!	SCH 1860. K 1951. SP 1957			
	f. *denticulatus* (MÜLL.) ASCHERS.	N 1825 Hb Kiel ! HORN 1821					
	f. *auriculatus* MEYER	Wenningstedt 1953 !!					
3009 d	*Carlina vulgaris* L. Wetterdistel	SCH 1860. „Charakterpflanze der Sylter Heide“ KN 1895. Weißes Kliff 1952 !! Wenningstedt 1953 !! Munkmarsch, LDW 1953					
3010 p	*Arcticum lappa* L. Große Klette			PETERS 1825. Oevenum, DNC 1925. Wyk, SP 1959	H 1959		
3012 p	*A. minus* (HILL.) BERNH. Kleine Klette	KN 1895. Mehrf. 1953 !!	KN 1895. Mehrf. 1930 !!	KN 1895. Mehrf. 1951—1960 !!	KN 1895. 1955 !!	KN 1895. 1958 !!	Ha, Ho, L, Nm, O !!
	f. *majus* KNUTH	KN 1895	KN 1895	Hfg. KN 1895	KN 1895. 1956 !!		
3013	*A. tomentosum* MILL. Filzige Klette	R 1890. Irrtum ?	R 1890. Irrtum?	SCH 1860. DNC 1925			
3019 d	*Carduus nutans* L. Nickende Distel			PETERS 1825	Deich vor Norderkoog viel 1955 !!		

Nr.	Artnamen	Sylt	Amrum	Föhr	Pellworm	Nordstrand	Halligen
3023	*C. acanthoides* L. Wegdistel			PETERS 1825. ?			
3024 d	*C. crispus* L. Krause Distel			PETERS 1825. Nieblum, BREDEMANN n. DNC 1925		N 1825 Hb Kiel !	
3026 p	*Cirsium vulgare* (SAVI) A.-S. Lanzenblättrige Distel	SCH 1860	R 1890	SCH 1860	KN 1895	KN 1895. L 1938	Ha 1936 !!, Ho, KN 1895, L 1930 !!
	ssp. *eu-lanceolatum* BEGER	Mehrf. 1952 !!	Mehrf. 1930—58 !!	Öfters 1914—1960 !!	1956 !!	1958 !!	
3028 p	*C. palustre* (L.) SCOP. Sumpfdistel f. *nemorale* MAASS.	HANSEN n. KN 1890. 1952 !! Kiefernwald b. d. Vogelkoje, LDW 1953		Mehrf. K 1951			
3041 p	*C. arvense* (L.) SCOP. Ackerdistel	SCH 1860	SCH 1860	SCH 1860	KN 1895	KN 1895	Ho, L, No, KN 1895
	v. *horridum* W. u. GR.	Öfters 1952 !!	Öfters 1930—58 !!	1951—1960 !!	1955 !!	1958 !!	Ha 1936 !! G, Ho, L, Nm, O 1960 !!
	v. *semidecurrens* LGE.		SCH n. LANGE 1886				
	v. *incanum* (FISCH.) LED.		Norddorf 1958 !!	PJ 1915. Mehrf. K 1952			
	v. *mite* W. u. GR.	Westerland, VOGELER n. DNC 1928					
3047 p	*Centaurea jacea* L. Wiesen-Flockenblume	HANSEN n. KN 1890	Leuchtturm, PJ 1913	Wyk, DNC 1925			
	ssp. *jacea* GREML.	Keitum, WEIDEMANN. O 1938		Nieblum, K 1952			
	ssp. *subjacea* (BECK) HYL.		Leuchtturm 1958 !!				
3052	*C. cyanus* L. Kornblume	KN 1890. Mehrf. 1952 !!	R 1890. Mehrf. 1930—58 !!	PETERS 1825. K 1951	Slt. KN 1895	Slt. KN 1895	Ho 1926 !!

3055	*C. maculosa* L. Gefleckte Flockenblume ssp. *rhenana* (BOR.) GUGL.		Bahnhof Norddorf 1942 !!				
3060	*Cichorium intybus* L. Zichorie. Wegwarte	Keitum, PJ 1913, 1952 !! Morsum, Bahn, O 1938, LDW 1953	Nebel 1926 u. 27, HELM br.	Mehrf. K 1951. Süderende, SP 1959		P 1924	
3063 d	*Lapsana communis* L. Rainkohl	Keitum, SP 1949, 1952 !!		SCH 1860. Boldixum 1927 !!. K 1951. Mehrf. 1960 !!	Neue Kirche 1956 !!		
3065 d	*Arnoseris minima* (L.) SCHW. Lammkraut	SCH 1860	N 1825 Hb Kiel ! Norddorf 1930 ff !!	SCH 1860. Hfg. 1951—1960 !!			
3066 d	*Hypochoeris maculata* L. Geflecktes Ferkelkraut	N 1825 n. KN 1895. Munkmarsch, OSTERM 1906					
3068 d	*H. radicata* L. Gemeines Ferkelkraut	SCH 1860. 1952 !!	SCH 1860. 1930 ff !!	SCH 1860. K 1951. 1960 !!			„Auf den Halligen", KN 1895. Ha 1936 !!
3069 d	*H. glabra* L. Kahles Ferkelkraut	Westerland u. Wenningstedt, VOGELER n. DNC 1928		SCH 1860. K 1951. 1960 !!			
3070 d	*Leontodon autumnalis* L. Herbst-Löwenzahn	SCH 1860. 1952 !!	SCH 1860. 1930 ff !!	SCH 1860. K 1951	KN 1895. 1955 !!	KN 1895. 1958 !!	G 1960 !! Ho 1925, L, L 1934, 1960 !! Nm 1960 !!, O 1934 !!
	v. *nigrolanatus* FRIES	N 1825 n. PRAHL 1890. ALPERS 1893 n. KN 1895	JESSEN n. SEEMEN 1899				
	v. *vulgaris* NEILR.		Hfg. 1954 !!	Hfg. 1960 !!		1958 !!	
	f. *pinnatifidus* (OPIZ) DOM.	Kampen, LDW 1953					
	v. *pratensis* (LESS.) KOCH		Norddorf 1954 !!				

	Artnamen	Sylt	Amrum	Föhr	Pellworm	Nordstrand	Halligen
3074 d	*L. hispidus* L. Rauher Löwenzahn	Wenningstedt, EBNER 1879. Nösse, O 1938					
3076 d	*L. nudicaulis* (L.) BANKS Zinnensaat	KN n. LGE 1886			Buphever- deich 1955 !!		
3079	*Tragopogon porrifolius* L. Haferwurz					FB 1876. Mehrf. 1958 !!	
3082 d	*Tr. pratensis* L. Bocksbart	Mehrf. KN 1890	Leuchtturm, PJ 1913	SCH 1860			
	ssp. *eu-pratensis* BL. u. D.	1952 !!	Nebel 1954 !!	K 1951. Südstrand 1960 !!		1959 !!	
3086 d	*Scorzonera humilis* L. Schwarzwurzel	SCH 1860 Föh 1935	SCH 1860. Süddorf 1930 !!	SCH 1860			
	f. *angustifolia* OED.	KN 1895. 1952 !!	Nebel 1954 !!	DNC 1925. K 1951			
	f. *latifrons* BECK			DNC 1925. K 1951			
3099 p	*Taraxacum officinale* WEB. Löwenzahn	SCH 1860	SCH 1860	SCH 1860	KN 1895. 1955 !!	KN 1895. L 1938	Ho, SP 1956
	ssp. *vulgare* (SCHR.) SCH. u. K.	Keitum 1952 !!	1930 ff !!	K 1951. 1960 !!	1955 !!	1958 !!	G, Ho, L, Nm, O 1960 !! So !!
	ssp. *palustre* BECK			REICHENBACH 1881			
	ssp. *levigatum* (WILLD.) DC.	KN 1895		PRAHL n. KN 1895			
3110 p	*Sonchus arvensis* L. Acker-Saudistel	Mehrf. KN 1895	Mehrf. KN 1895	Mehrf. KN 1895. K 1951	BALZER 1951 br. 1955 !!	P 1924. L 1938	No 1949 !! Ho, L, Nm 1960 !!
	v. *typicus* BECK	Rantum-Becken 1952 !!		1960 !!			
	f. *genuinus* BECKH.	Rantum-Becken 1952 !!		1960 !!	Am Hafen 1956 !!	1958 !!	Nm 1960 !!
	f. *angustifolius* G. MEY.		1942 !!				
	v. *levipes* KOCH	Rantum-Becken 1952 !!	SCH 1860. 1930 !!	SCH 1860			

3111 dp	*S. oleraceus* L. Kohlsaudistel	Westerland, KN 1890, O 1947	PJ 1913. Hfg. 1930 ff !!	KN 1895. Mehrf. KN 1951	MÄCKEL- MANN n. KN 1895	P 1924. 1958 !!	Ha, Ho, L, O !!
	f. *triangularis* WALLR.		Norddorf 1958 !!	Mehrf. DNC 1925. 1960 !!	Junkers Mittel- deich 1956 !!		G u. Nm 1960 !!
	f. *integrifolius* WALLR.			DNC 1925			
3112 d	*S. asper* (L.) HILL. Rauhe Saudistel v. *pungens* BISCHOFF	Keitum, ALPERS n. KN 1895. SP 1949	Nebel, LDW 1956	PJ 1911. Mehrf. DNC 1925		H 1955. 1958 !!	L, SP 1959 No, KÖNIG 1946 !
	f. *levipes* BECKH.	List, NEUHOFF 1952. Rantum-Becken 1952 !!	1958 !!		Junkers Mittel- deich 1956 !!		
	f. *glandulosus* BECKH.		Quermarken- feuer u. Wittdün 1954 !!				
	v. *inermis* BISCHOFF					Pohns- halligkoog 1959 !!	
3113	*Mycelis muralis* (L.) RCHB.			Wyk 1960 !!			
3137	*Crepis tectorum* L. Grundfeste	Westerland, VOGELER n. DNC 1928. O 1950	Norddorf 1954 !!	SCH 1860. 1951 !!	1955 !!		
	f. *segetalis* ROTH			Wyk 1951—1960 !!			
3138	*C. nicaeensis* BALB. Franzosenfeste			Mehrf. DNC 1925			
3139	*C. capillaris* (L.) WALLR. Grüne Feste	VOGELER n. DNC 1928 1952 !!	HELM br. Mehrf. 1930 !!	Mehrf. 1931 !!			
	v. *dentata* BISCHOFF	Wenningstedt 1953 !!	Norddorf 1938 !!		Buphever- deich 1955 !!	Norder- hafen 1958 !!	
	f. *humilis* (GAUD.)		Nebel 1954 !!				
	v. *agrestis* (W. u. K.) SCH. u. TH.	Mehrf. 1952 u. 53 !!	1954 !!	DNC 1925			

	Artnamen	Sylt	Amrum	Föhr	Pellworm	Nordstrand	Halligen
3147 p	*Hieracium pilosella* L. Kleines Habichtskraut	SCH 1860	SCH 1860	SCH 1860. SP 1957	Buphever-deich 1955 ! !	P 1924. L 1938	
	ssp. *vulgare* (FISCH.) N. P.	1952 !!	1954 !!	1941—1960 !!			
	ssp. *parvulum* N. P.	PJ 1913. Ellenbogen 1953 !!					
3174 p	*H. laevigatum* WILLD. Glattes Habichtskraut						
	ssp. *tridentatum* FRIES	Victoriahain, ALPERS n. KN 1895. Friesenhain, VOGELER n. DNC 1928. Lornsen-hain 1952 !!		Lembkehain 1960 !!			
	f. *longidens* ZAHN	Friesenhain, ZAHN in A. u. G. XII					
	ssp. *sylticum* ZAHN	Friesenhain, LÜDI n. ZAHN in A. u. G. XII. 1952 !!					
3175 dp	*H. umbellatum* L. Doldiges Habichtskraut	N 1846 Hb Kiel !	SCH 1860	SCH 1860. K 1951			
	ssp. *umbellatum* ZAHN		Hfg. LDW 1956				
	v. *linariifolium* WALLR.	Hfg. 1953 !!	Hfg. 1954 !!	KN 1895. Hfg. 1951 !!			
	f. *filifolium* FRIES		JESSEN n. SCH 1860				
	v. *dunense* REYN	Mehrf. VOGELER n. DNC 1928. 1952 !! LDW 1953	1954 !! Hfg. LDW 1956	DNC 1925. 1951 !!			
	v. *coronopifolium* BERNH.	HOLM n. LANGE 1886. Eidumer Vogelkoje, VOGELER n. DNC 1928		DNC 1925			
	ssp. *hollandiae* ZAHN		1930 !!				
3176 p	*H. sabaudum* L. Savoyer-Habichtskraut			Lembkehain 1960 !!			
	ssp. *boreale* (FRIES.) ZAHN	Mörderkuhle 1953 !!					

C. Anhang

I. Beobachter der Pflanzenwelt der Nordfriesischen Inseln, die nicht im Literaturverzeichnis angeführt sind[1])

AHLENSTIEL, FRIEDRICH, geb. 27. 4. 1856 in Reckenthin (Brandenburg). Apotheker an verschiedenen Orten, gest. 16. 5. 1936 in Lüneburg.

ASMUS, LOTTE, ehedem Lehrerin auf Sylt.

BALZER, Lehrer auf Pellworm.

BARGUM, LUDOLPH CONRAD, geb. 1. 4. 1777 in Apenrade, Pastor, gest. 2. 7. 1832 in Tyrstrup.

BORCHMANN, JOHANN FRIEDRICH, geb. 8. 5. 1827. Lehrer in Wessek und Witzhave, gest. 10. 11. 1908.

BORNMÜLLER, JOS. FRIEDR. NIKOLAUS, Prof. Dr., geb. 6. 12. 1862 in Hildburghausen/Thür., Leiter des Herbariums Haußknecht in Weimar und des Thür. Botan. Vereins.

BREDEMANN, G., Prof. Dr., geb. 15. 6. 1880 in Königswartha/Kr. Bautzen, Apotheker und Chemiker, Leiter des Staatsinstitutes für Angewandte Botanik in Hamburg, Ordinarius für Angewandte Botanik an der Universität Hamburg.

EMEIS, WALTHER, Prof. Dr., ehedem Dozent an der Hochschule für Lehrerbildung Mürwik. Geb. 10. 5. 1891 in Flensburg.

FÖH, Dr. HEINZ, geb. 2. 12. 1906 in Kiel. Studienrat in Kiel, Kruppallee 10.

FRIES, ehedem Lehrerin in Wyk/Föhr.

HANSEN, HANNELORE, s. RATH.

HANSEN, LARS, geb. 12. 11. 1788 in Dollerupholz. Lehrer. Sehr erfolgreicher Florist. Gest. 14. 8. 1876.

HELM, Lehrer in Hamburg †.

HERMANN, s. KUNZE.

HÜNERBEIN, KARL, Oberlehrer i. R. in Siegen, Giersbergstraße 28.

KÖNIG, Dr. DIETRICH, geb. 16. 12. 1909 in Weltwitz, Kr. Gera, Wasserwirtschaftsstelle Kiel.

KOOPMANN, LUDWIG, geb. 5. 1. 1900 in Wenningstedt. Mittelschulrektor in Wesselburen.

KOOPMANN, MAX, geb. 20. 1. 1899 in Wenningstedt. Lehrer in Wenningstedt.

KOPPE, Dr. FRITZ, geb. 30. 11. 1896 in Zempelkowo, Westpreußen. Studienrat i. R. in Bielefeld.

KUNZE, Dr. GERTRUD, geb. HERMANN, geb. 9. 3. 1916 in Grabenstetten bei Reutlingen.

LEEGE, OTTO, Dr.?, Arbeiten bes. über Juist und Ostfriesische Inseln etwa 1950 gestorben.

---

[1]) Die eingeklammerten Buchstaben hinter den Namen sind die Abkürzungen, unter denen die Beobachter in der Übersicht über die Gefäßpflanzen der Nordfriesischen Inseln angeführt sind.

LEVSEN, PETER (L), geb. 25. 3. 1904 in Klintum. Lehrer in Leck

LUDWIG, Dr. ALFRED (LDW), geb. 12. 5. 1879 in Potsdam. Studienrat i. R. in Siegen, Obenstruthstraße 32.

NEUHOFF, Dr. WALTHER, geb. 12. 2. 1891 in Ottlau, Kr. Marienwerder, Rektor i. R. in Rellingen, Schmiedestraße 36.

NIKOLEIZIG, Lehrer in Trittau.

PAULSEN, THEDE (P), Landmann, Nordstrand †.

RAABE, Prof. Dr. ERNST-WILHELM (RA), geb. 20. 11. 1913 in Kippelbach (Rhön). Dozent an der Universität Kiel.

RATH, HANNELORE, geb. HANSEN, geb. 22. 1. 1934 in Westerland. Hörnum/Sylt, An der Düne 20.

REINKE, JOHANNES, Prof. Dr., geb. 3. 2. 1849 in Ziethen (Fürstentum Ratzeburg), Professor der Botanik in Kiel, gest. 1931 in Preetz in Holstein.

RILL, JOSEPH, geb. 28. 12. 1928 in Schüttarchen/Bischofsteinitz, Lehrer in Kiel.

ROHWEDER, HEINRICH, geb. 19. 9. 1885. Ehedem Studienrat in Kiel. Gest. 1957.

RUNDESHAGEN, ERNST (RU), geb. 29. 12. 1890 in Labenz. Lehrer i. R. in Linau.

SCHMIDT, HERMANN, geb. 10. 11. 1901, in Braderup/Sylt, Rektor in Wenningstedt.

SCHOLZ, Dr. HILDEMER, geb. 27. 5. 1928 in Berlin, Wiss. Assistent, Berlin-Steglitz, Albrechtstraße 32.

SCHWARZ, ERICH, geb. 10. 3. 1906 in Neumünster, Zahnarzt in Neumünster, Kuhberg 33.

SEIDEL, Dr. KÄTHE, geb. 11. 10. 1907 in Frankenberg/Erzgebirge Wiss. Mitarbeiterin an d. Hydrobiolog. Anst. der Max-Planck-Ges. in Plön.

SPANJER, GEERD, geb. 7. 8. 1905 in Witten, Mittelschullehrer in Schleswig, Gallberghöhe 13.

VOGELER, FRIEDRICH, geb. 12. 6. 1889 in Wilster. Mittelschullehrer in Hamburg.

WEIDEMANN, MAGNUS, geb. 17. 12. 1880 in Hamburg. Kunstmaler in Keitum.

WÖBBE, HERMANN, geb. 28. 2. 1921 in Deezbüll Kr. Südtondern. Lehrer im Lübkekoog.

WOLF, WILHELM, geb. 8. 8. 1890. Justizoberinspektor i. R. in Bredstedt.

II. Schriftenverzeichnis[1])

ALPERS, Beiträge zur Flora von Sylt. In: Abh. Naturw. Ver. Bremen. **13**. 1894.

ASCHERSON u. GRAEBNER (A. u. G.), Synopsis der mitteleuropäischen Flora. Leipzig.

BUCHENAU, FRANZ (BU), Vergleichung der nordfriesischen Inseln mit den ostfriesischen in floristischer Beziehung. In: Abh. Naturw. Ver. Bremen **9**, 4. 1887.

CAMERER, Vermischte historisch-politische Nachrichten in Briefen von einigen merkwürdigen Gegenden der Herzogthümer Schleßwig und Holstein. Flensburg und Leipzig 1762.

CHRISTIANSEN, ALBERT (A. CHR.), Verzeichnis der Pflanzenstandorte in Schleswig-Holstein usw. Leipzig 1913.

[1]) Die eingeklammerten Buchstaben hinter den Namen sind die Abkürzungen, unter denen die Beobachter in der Übersicht über die Gefäßpflanzen der Nordfriesischen Inseln angeführt sind.

CHRISTIANSEN, DETLEF N. (DNC 1925), Die Blütenpflanzen und Gefäßkryptogamen der Insel Föhr. Föhrer Heimatbücher **11**. 1925.

CHRISTIANSEN, DETLEF N. (DNC 1928), Die Blütenpflanzen und Gefäßkryptogamen der Insel Föhr. Nachtrag. In: Jbericht Naturw. Ver. Altona 1928.

CHRISTIANSEN, DETLEF N. (DNC 1928), Neues zur Flora von Sylt. In: Jbericht Naturw. Ver. Altona 1928.

CHRISTIANSEN, WERNER u. WILLI, Das botanische Schrifttum von Schleswig-Holstein, Hamburg und Lübeck. Kiel 1936.

CHRISTIANSEN, WILLI (WI. CHRI. 1914), Ein auffällig mißgestaltetes Exemplar von *Blechnum spicant*. In: Allg. Bot. Zschr. . . 1914.

CHRISTIANSEN, WILLI (WI. CHR. 1926), Die Flora der Halligen. In: Schr. Naturw. Ver. Schleswig-Holstein. **17**. 1926.

CHRISTIANSEN, WILLI (WI. CHR. 1936), Senfbereitung auf den Halligen, In: Die Heimat **46**, Kiel 1936.

CHRISTIANSEN, WILLI (WI. CHRI. 1938), „Der Atlantische Klimakeil" in Schleswig-Holstein und seine Bedeutung. In: Die Heimat **48** Kiel 1938.

CHRISTIANSEN, WILLI (WI. CHRI. 1953), Neue kritische Flora von Schleswig-Holstein. Rendsburg 1953.

EBNER, VICTOR RITTER von, Über die Insel Sylt. In: Mitt. Naturw. Ver. Steiermark. Graz 1879.

FISCHER-BENZON, RUDOLF, VON (FB), Über die Flora des nordwestl. Schleswigs und der Inseln Föhr, Amrum und Nordstrand. In: Schr. Naturw. Ver. Schleswig-Holstein **2**, 1. Kiel 1876.

HANSEN, C. P. Das Schleswig'sche Wattenmeer und die friesischen Inseln. Glogau 1865.

HERMANN, FRIEDRICH, Flora von Nord- und Mitteleuropa. Stuttgart 1956.

HORNEMANN, J. W. (HORN), Forsoeg til en Dansk ökonomisk Plantelaere. 3. Aufl. **1** 1821. **2** 1837. Kopenhagen.

HORSTMANN, HERMANN (H), Flora des Kreises Husum. In: Mitt. Arbeitsgem. für Floristik in Schleswig-Holstein u. Hamburg. Kiel 1959.

JAAP, OTTO, Zur Gefäßpflanzenflora der Insel Sylt. In: A. B. Z. **4** 1898.

JESSEN, WILHELM, Der Lornsenhain auf Sylt. In: Die Heimat **49**. 1939.

JUNGE, PAUL (JP 1908), Die Cyperaceae Schleswig-Holsteins usw. In: Jb. Hamburg. Wiss. Anst. **25** (1907) 1908.

JUNGE, PAUL (PJ 1910), Die Pteridophyten Schleswig-Holsteins usw. In: Jb. Hamburg. Wiss. Anst. **27** (1909) 1910.

JUNGE, PAUL (PJ 1911), Bemerkungen zur Gefäßpflanzenflora der Insel Sylt. In: Schr. Naturw. Ver. Schleswig-Holstein **15**,1. 1911, Kiel.

JUNGE, PAUL (PJ 1913), Bemerkungen zur Gefäßpflanzenflora der Inseln Sylt, Amrum u. Helgoland. In: Schr. Naturw. Ver. Schleswig-Holstein **15**,2 1913, Kiel.

JUNGE, PAUL (PJ 1913b), Die Gramineen Schleswig-Holsteins. In: Jb. Hamburg. Wiss. Anstalten, **30** (1912) 1913.

JUNGE, PAUL (PJ 1915), Zur Frühlingsflora der Inseln Föhr u. Amrum. In: A. B. Z. **21**. 1915.

JUNGE, PAUL (PJ 1917?), Die Caryophyllaceae, Nymphaeaceae, Ceratophyllaceae, Ranunculaceae u. Berberidaceae. Handschr. Im Inst. allg. Botan. Hamburg 1917?

KNAUER, NORBERT (K), Flora von Föhr. Handschr. 1951 Kiel.

KNUTH, PAUL (KN 1888), Flora der Provinz Schleswig-Holstein usw. Leipzig 1888.

KNUTH, PAUL (KN 1889), Gab es früher Wälder auf Sylt? In: Humboldt **8**. 1889.

KNUTH, PAUL (KN 1890), Botanische Wanderungen auf der Insel Sylt. Tondern u. Westerland 1890.

KNUTH, PAUL (KN 1895), Flora der nordfriesischen Inseln. Kiel u. Leipzig 1895.

KOEHN, HENRY, Die Nordfriesischen Inseln. Hamburg 1954.

KOHL, JOHANN GEORG, Die Marschen und die Inseln der Herzogthümer Schleswig u. Holstein. Dresden u. Leipzig 1846.

KOLUMBE, ERICH, Sylt. Hamburg 1957.

KRAUSE, ERNST H. L., Die natürliche Pflanzendecke Norddeutschlands. In: Globus **61**, 1892.

LANGE, JOHANN, Haandbog i den danske Flora. 4. Aufl. 1886 Kopenhagen.

MÜLLER, F. J. H., Breviarium plantarum Ducatus Slesvicensis austrooccidentalis. In: Flora **11**,1. 1853 Regensburg.

NIEMANN, A. CHR. H., Handbuch der schleswig-holsteinischen Landeskunde. 1799 Schleswig.

NOLTE, ERNST F. (N), Novitiae florae holsaticae. 1826 Kiel.

ORTMANN, RICHARD (O), Die Strandwinde. In: Die Heimat **56**. 1949.

OSTERMEYER, FRANZ, Beitrag zur Phanerogamenflora der nordfriesischen Inseln Sylt, Röm und Föhr. In: Schr. Naturw. Ver. Schleswig-Holstein **13**, 1906, Kiel.

PEDERSEN, ANFRED, Flora von Fanö u. Manö.: In: Botanisk Tidsskrift 1953 Kopenhagen.

PETERS, PETER JUNG, Beschreibung der Insel Föhr. In: Schlesw.-Holst. Lauenburg. Provinzialber. **14**, 1825.

PETERSEN, MARCUS, Die Wohndichte auf den Warfen der Halligen. In: Die Heimat **54**, 1957.

PHILIPPSEN, H., Waldpflanzen auf den Nordseeinseln. In: Prometheus 1916.

PRAHL, PETER, Beiträge zur Flora von Schleswig. In: Verh. Bot. Ver. Brandenburg **14**, 1872.

PRAHL, v. FISCHER-BENZON u. KRAUSE, Kritische Flora der Provinz Schleswig-Holstein usw. 1890 Kiel.

RAUNKIAER, C. (R 1889), Vesterhavets Oest-och Sydkysts Vegetation. In: Festskrift i Anledning af Borchs Kollegiums 200-Aars Jubilaeum. 1889 Kopenhagen.

RAUNKIAER, C. (R 1890). Notes on the vegetation of the North-Frisian Islands and a contribution to an eventual flora of these Islands. In: Bot. Tidsskrift **27**, 1890 Kopenhagen.

REESE, GERD, Polyploidie und Verbreitung. In: Zeitschr. f. Botanik **46**,4. 1958.

REICHENBACH, H. G., E. F. NOLTE, ein Hamburger Botaniker. In: Vorlesungsverz. 1881 Hamburg.

SCHIÖTZ, TH. (SCH), Beretning om en botanisk Reise, foretaget i Sommeren 1858 i Landskabet mellem Slesvig, Rendsborg og Ekernförde, samt Vesterhavs-Öerne Amrom, För og Sild. In: Naturhist. Foren. Vidensk. Meddels. 1860 Kopenhagen.

SCHMIDT, JUSTUS, In: Ber. Botan. Ver. Hamburg.

SECKT, Pflanzenleben auf der Insel Sylt. In: Naturw. Wochenschr. N F **1**. 1902.

SEEMEN, O. VON, Einige Mitt. über die in dem Herbar K. F. W. Jessen enthaltenen Pflanzen von der nordfriesischen Insel Amrum. In: Englers botan. Jb. **27**. 1899.

SPIEKER, TH., Vegetationscharakter der Insel Sylt. In: Ztschr. f. d. gesamten Naturw. **14**. 1859 Berlin.

STARK, PETER, Die Waldvegetation auf der Insel Sylt. In: Allg. Bot. Ztschr. **20**. 1914.

WARNSTEDT, FRIEDRICH V., Die Insel Föhr. Schleswig 1824.

WIINSTEDT, K., Flora von Röm. In: Botanik Tidsskrift Kopenhagen 1946.

Verzeichnis der Gattungen [1)]

Wissenschaftliche Namen

1) Die Zahlen sind die Nummern, unter denen die Gattungen in dem Verzeichnis der Gefäßpflanzen auf Seiten 24 ff angeführt sind.

Deutsche Namen

FSC
www.fsc.org
MIX
Papier | Fördert gute Waldnutzung
FSC® C083411

Kolibri 360 GmbH
Ferdinand-Jühlke-Straße 7
99095 Erfurt, Deutschland
produktsicherheit@kolibri360.de